21世纪学前教师教育系列教材

总主编　朱家雄

U0853238

幼儿行为观察与评估

（第二版）

主　编　何慧华

副主编　王英杰　张超逸

中国人民大学出版社

·北京·

前言

党的二十大报告提出“教育是国之大计、党之大计”。儿童是国家和民族的希望，培养教育儿童则是关乎国家发展与民族未来的头等大事。2021 年 9 月 28 日，中共中央、国务院印发的《中国儿童发展纲要（2021—2030 年）》明确指出，当前我国正处于实现“两个一百年”奋斗目标的历史交汇期，受经济社会发展水平制约，我国儿童事业发展仍存在不平衡不充分的问题，贯彻儿童优先原则的力度需要进一步加大①。应强化儿童为本，突出儿童可持续发展优先、儿童发展规律优先、儿童发展需求优先。全面提高儿童综合素质，尊重儿童的人格尊严，遵循儿童身心发展特点和规律，保障儿童身心健康，促进儿童在德智体美劳各个方面的全面发展。

为深入贯彻全国教育大会精神，加快建立健全教育评价制度，促进学前教育高质量发展，教育部根据《中共中央　国务院关于学前教育深化改革规范发展的若干意见》和《深化新时代教育评价改革总体方案》精神，于 2022 年 2 月 10 日印发了《幼儿园保育教育质量评估指南》。该指南明确指出，在教育过程中应理解尊重幼儿并支持其有意义地学习，不断提高保育教育质量②。同时，提供高质量的幼儿园保育教育服务，也是广大学前教育工作者践行党的二十大“为党育人、为国育才”的使命担当。

意大利著名幼儿教育家蒙台梭利曾说：“作为一名教育工作者，应该有一双敏锐的眼睛。”教育者的智慧与正确的决策始终来源于对幼儿细致的观察与关注。高质量的师幼互动和有成效的教学活动设计与实施等诸多学前教育的核心内容，都应该以幼儿为逻辑起点，都应该贯彻“儿童优先原则”。作为从事多年学前教育的工作者和研究者，笔者深信，只有乐于、善于了解幼儿的幼儿园教师，才能够把握好幼儿发展的特点，包括学习与发展

---

① 中国儿童发展纲要（2021—2030 年）. 中国政府网，2021-09-27.

② 教育部关于印发《幼儿园保育教育质量评估指南》的通知．中华人民共和国教育部政府门户网站，2020-02-11.

的特点、个体差异、需求和兴趣等。有学生问笔者：当幼儿园教师最重要的基本功是什么？笔者认为应该是了解孩子。因为只有“了解”，才能“设计教学”；只有“了解”，才能“创设环境”；只有“了解”，才能“支持发展”。笔者相信，家长在每天把自己最为珍贵的“宝贝”送到老师手里时，也期待老师能够了解他们的“宝贝”，甚至了解他们自己。

有几次和幼儿园老师聊天时，对于“自己的时间都去哪儿了”，大家深有感慨，回答几乎是一致的：培训、教研、补文案……笔者衷心地希望奋战在一线的学前教育工作者——我们勤劳、美丽、可爱的老师能够将自己的时间多分一些给孩子，多了解孩子和家长，这样才能真正地站在孩子的角度与他们交流，才能更高质量地实现“幼有所育”“幼有善育”的国家战略。

本教材主要探讨的是如何做好儿童的行为观察以及如何运用观察结果来解读、评价和研究幼儿的行为，进而帮助教师做出教育决策。本教材可用于大专、本科院校学前教育专业的职前教师培训，也能够帮助幼儿园一线教师进一步深入了解幼儿行为观察与评估。本教材共分为六章，第一、二章主要是概述幼儿行为观察的内涵与方法，第三、四章主要从幼儿发展和幼儿在园一日生活两个方面来探讨行为观察的要点，第五、六章主要是探讨行为观察在幼儿发展评价以及幼儿发展与教育研究领域的应用。笔者任本教材主编，对全书进行统稿，并完成了第一、二、五、六章的撰写；湖州师范学院教师教育学院王英杰老师和上海市浦东新区东方幼儿园张超逸老师任本教材副主编，王英杰老师主要完成了第三章的撰写，张超逸老师主要完成了第四章的撰写。同时还要感谢研究生陈迎新、董其非、居雪儿和陈怡婷为教材的完成提供了大量的案例。还要感谢中国人民大学出版社王雪颖编辑的耐心等待、默默支持和细致周到的工作。

编者的水平有限，本教材若有不当之处，恳请广大读者不吝赐教。

何慧华

目 录

第一章

幼儿行为观察概述

本章导航

观察的含义和步骤

幼儿行为观察的含义和特点

幼儿行为观察的意义和价值

如何根据幼儿发展的特点进行有针对性的观察

对于幼儿来说，由于语言表达能力还没有发展成熟，因此，行为成为他们与人沟通、表达需求和愿望的一种重要方式，行为也是成人了解幼儿内心世界的主要渠道。但是，对幼儿行为的解释并不像想象的那么简单，我们往往会用成人的思维方式去理解幼儿的行为。例如，一个刚入园不久的孩子一直哭哭啼啼，我们便认为是入园焦虑所导致的，但是仔细询问后得知，她不高兴是因为妈妈没有给她穿她最喜欢的花裙子。又如，要想真正地理解幼儿的行为，就必须仔细地观察，只有这样，我们才能合理地解释幼儿行为并采取恰当的教育策略，从而使他们的身心得到健康发展。

幼儿园教师每天都要面对几十名性格迥异的幼儿，处理各种各样的行为冲突，幼儿的行为反映了他们的年龄特点以及个体发展的差异性，因此，学前儿童行为观察是每位幼儿园教师必须具备的一项技能。本章将从以下几个方面介绍对幼儿行为的观察：第一节主要介绍幼儿园教师和幼儿行为观察的关系，第二节主要介绍幼儿行为的特点以及幼儿行为观察研究的理论基础，第三节主要介绍怎样运用不同的观察方法有效地观察幼儿行为。

第一节 幼儿园教师和幼儿行为观察

美国著名幼儿教育专家乔治·福曼（George Forman）说过："对儿童寻常时刻的观察记录是理解儿童学习的一个不可多得的窗口。"可见，幼儿园教师要想更好地了解幼儿的学习和发展状况，就必须观察幼儿的"寻常时刻"。在观察幼儿之前，我们首先要做的就是了解什么是行为观察、什么是幼儿行为观察，以及幼儿行为观察有什么作用。接下来我们将探讨这些问题。

一、幼儿行为观察的含义

（一）观察的含义

福尔摩斯说过一句话："我在观察，而你只是在看。"的确，看只能了解事物的表面现象，而唯有仔细观察才能透过现象看到本质。

观察是人类认识周围世界的一个最基本的方法，也是人类从事科学研究（包括自然科学、社会科学、人文科学）的一个重要手段。观察不仅是人的感觉器官直接感知事物的过程，而且是人的大脑积极思维的过程①。从定义可以看出，观察并不是我们日常生活中"随意地看"，而是人们通过感觉器官感知外界信息，在大脑中对这些信息进行深层次加工，做出判断，并将外在的、内在的原因解释清楚的复杂过程。简而言之，观察就是接受刺激—处理信息—价值判断的过程。

在研究有关教育问题时研究者们常常把观察法作为调查、搜集信息的一种方法。《教育大辞典》中提到观察法是指在自然状态下，观察者有目的和有计划地对研究对象进行系统观察，并对观察内容做出详细和客观的记录，然后对获取的材料信息进行分析和解释的一种方法。

如果将此概念运用于学前教育领域，我们幼儿园教师的行为观察，就是教师借助于感官或一定的工具，运用一定的方法捕捉关于幼儿的各种有教育价值的信息并进行分析与解释的过程。

（二）行为的含义

不同的学科对行为的定义也有差异。本书主要采用心理学对行为的解释。不同的心理

① 陈向明．质的研究方法与社会科学研究．北京：教育科学出版社，2000.

学派对行为也有不同的看法，在本书中，我们把行为分为狭义的行为和广义的行为。

1. 狭义的行为

格式塔心理学认为，人的行为是由人与环境相互作用决定的，行为指的是受心理支配的外部活动，是一种外显的行为，是可以被直接观察记录或测量的活动。例如，一个人吃饭、睡觉、说话、打架、娱乐、游戏等都是外显的行为，因为这些行为可以被别人直接观察到，或者通过一些工具如录音笔、摄像机、照相机、量尺等记录下来，随后再加以分析。这样可以避免由于观察过于仓促，或者由于观察者的主观原因遗漏一些重要的信息，从而使观察结果客观性更强。

2. 广义的行为

行为主义心理学把人与动物对刺激所做的一切反应都称为行为，包括外显的行为和内隐的行为。因此，广义的行为除了外在可观察、可测量的行为之外，还包括以观察可见的行为为线索间接推理得知的内在的心理活动。比如人的情绪、态度、动机、思维、个性等都属于内隐的行为。

对于幼儿来说，由于年龄小，他们的语言表达能力不足，也没有文字书写能力，因此很难表述自己的心理活动以及愿望、需求等。基于幼儿的特点，幼教工作者对幼儿行为的观察和记录对于理解幼儿是至关重要的。就像下面提到的案例一样，如果老师只看外在的行为，将很难了解幼儿的情绪状态：

小朋友佳佳看到安安手里的玩具，特别想玩，就跑过去和安安抢，一不小心被小凳子绊倒了，趴在地上哭了起来。这时老师走了过来，佳佳说安安打了她，老师批评了安安一顿，安安想解释又表达不出来，因为被老师批评了，伤心地哭了，可老师却在一边说："你打人还好意思哭。"

从以上案例中我们可以发现，幼儿外显行为无法表达的内心情绪状态其实也很需要被注意到，这对教师了解情况和解读幼儿的外在行为很有帮助。

（三）幼儿行为观察的含义与特点

幼儿行为观察，顾名思义，即是对幼儿行为进行的观察，是在了解幼儿外显行为的基础上，对他们的个性、需要、兴趣、态度等不同方面的了解，以便了解幼儿的发展状况，进而调整教育策略，为家长和老师提供教育建议，例如：

今天是周二，幼儿园大班每周一次的游泳训练又开始了，好多小朋友都开心地跳起来，拿着自己的泳裤和泳帽到教室外面排队。但是，小朋友悠悠却高兴不起来，哭着走到老师面前。老师问："你为什么哭呀？还不快拿着你的衣服到外面排队去！"她却在那里扭扭捏捏，小声嘀咕说：“妈妈不让我去。”“妈妈没有告诉我你今天不能去游泳呀！”老师回答说，“快点去排队。”可悠悠还是一直站在那里抹眼泪，就是不愿意去游泳。

从上面的案例中我们可以看出，悠悠很不情愿去游泳，还称妈妈不让她去，那么原因到底是什么呢？教师可以通过细致的行为观察来尝试寻找答案，采取相应的措施来减轻悠悠小朋友对游泳活动的恐惧。因此，幼儿行为的观察和解读需要一定的专业性，与一般日常生活中的观察不同，幼儿行为观察主要有以下几个特点：

1. 可以在自然条件下进行

为了获得幼儿的真实行为表现，观察法需要在自然状态下进行。要保证观察对象的行为不会受到任何的控制和引导，完全把他们本来的样子呈现出来。有时候，成人一句赞扬的话、一个微笑都有可能对幼儿造成某方面的引导，从而对观察对象造成干扰。观察时使用的仪器设备也应当隐藏起来，不要让幼儿意识到他们在被观察。这些细节若有疏漏，就会降低观察结果的客观真实性。

2. 可以是有目的、有计划的研究方法

明确观察目的是幼儿行为观察的基本要求，研究者不仅要明确地提出问题，而且应该详细地规定所要观察的具体行为。周密的计划是指观察活动的时间、顺序、过程、对象、记录方式都应预先安排，观察中需要使用的仪器和记录表格等也要准备好，以保证观察的质量和效率。虽然幼儿行为观察是在自然状态下进行的，但作为一种科学观察方式，自然状态下的观察并不意味着完全不需要准备。在观察之前观察者需要对观察地点、观察方法、观察的持续时间等进行一定的控制，提高观察效率，防止观察时手忙脚乱。

3. 需要运用多种方式收集客观资料

幼儿行为观察的目的就是通过观察尽可能多地收集客观资料，并对资料进行科学的分析。在很多时候，通过感官直接进行观察有很大的局限性，当需要收集大量的信息时，就要借助相关的信息收集工具，如纸笔、各种电子仪器等，使观察的信息能够长时间保存，为以后的分析和研究做资料储备。

综合以上幼儿行为观察的特点，我们可以归纳出：幼儿行为观察是通过感官或者仪器，有目的、有计划地对自然状态下发生的幼儿行为进行观察、记录、分析，从而获取信息资料的一种方法。

二、幼儿行为观察的价值

意大利著名幼儿教育家蒙台梭利说过：“唯有通过观察和分析，才能真正了解孩子的内在需要和个体差异，以决定如何协调环境，并采取应有的态度来配合幼儿成长的需要。”一名特级园长这样来阐述幼儿行为观察的价值：“教师与教师间最大的差别就在观察上。好的教师善于观察，能够发现问题及难点，并分析原因，寻找教育的对策。”一名特级教师这样说：“理解孩子的行为，需要成人的仔细观察，而孩子的行为也不仅仅是观察与理解，还要在经过思考后，有计划地回应，这样才算真正地支持孩子的发展，才能呈现教育的意义。”

从以上的叙述中我们可以发现，随着学前教育实践的不断深入，幼儿教育工作者和家长们越来越认识到在教育实践中的观察对于了解幼儿是相当重要的。家长和教师想要真正地认识和了解幼儿的成长特点和发展需要，对幼儿的行为进行观察是非常必要的。幼儿行为观察的价值主要体现在以下三个方面：

（一）全面了解幼儿发展水平

幼儿的发展包括身体、认知、社会性等很多方面，是普遍性和个体差异性的统一，同时又受到很多因素的影响（详见第一章第二节）。

第一，通过观察可以了解幼儿的兴趣和需要。兴趣是学习的动力，但它往往表现在幼儿日常的活动中，需要老师细心地观察、记录。

例如，通过观察你会发现，有些幼儿总是喜欢玩娃娃，有些幼儿总是待在图书角看书。两岁的幼儿就已经具备初步的性别角色意识，但是对男孩和女孩的认识比较刻板，他们会认为扎辫子的、穿裙子的、玩芭比娃娃的都是女孩，那些头发短、玩汽车的都是男孩。而在有些活动中，也会出现“特例”，他们仅仅是出于对某方面的兴趣而选择不同以往的游戏角色。表 1－1 即为对幼儿乐乐的行为观察记录案例。

表 1－1　幼儿行为观察记录案例（1）

观察对象：乐乐　　性别：女　　年龄：4 岁
观察记录： 乐乐是一个女孩子，平时在角色游戏中都会与其他的女孩子一起玩过家家，扮演女儿或者妈妈的角色。而在这一次的游戏中，乐乐选择了警察这个角色。老师好奇地问：“你为什么选择扮演警察呀?”乐乐说：“因为开警车很酷，还可以把别人抓起来，给他们戴手铐!”老师又问：“那你为什么不穿警服呢?”乐乐说：“警服是男孩子穿的，女孩子是不可以穿的。”说完，乐乐转身奔跑起来，她抓住了一个“罪犯”，并给他戴上了手铐，脸上洋溢着自豪与满足感。
行为解读： 乐乐想要扮演警察，是出于对警察“权威”的一种兴趣，她想要体验这种“权威”，但是却又刻板地认为，警服是男孩子的专利，女孩不能穿。她仅仅是对警察“能够抓人”“戴手铐”等权威行为感兴趣。

第二，通过观察可以了解幼儿的经验获得水平。孩子从出生开始就在与父母、同伴、

老师等各种社会关系的交往中逐渐积累学习和生活经验，这种经验又表现在他们日常的游戏、学习和生活活动当中，通过对幼儿日常的观察，就可以了解到他们获得经验的内容、来源以及影响。除此之外，教育科学研究中还为研究者提供各种科学的观察方法，如等级评定法、检核表法、时间取样法等，都可以用来客观地测量幼儿各方面经验的获得水平。

第三，通过观察可以了解幼儿个性和社会性的发展。幼儿的个性和社会性在他们的同伴交往中体现得最为明显。例如，有些孩子活泼好动，非常喜欢与同伴交往，平时会主动地靠近想接近的同伴，但他却无法与同伴长时间友好相处。通过观察，我们可以了解到其中的具体原因。如表 1－2 中的案例，壮壮乐于与同伴交往，但他的气质属于胆汁质，不相让的个性让他无法与同伴长时间友好相处。这样的观察有利于教师了解壮壮，并且针对壮壮的个性，给予相应的干预，促进其社会性的良好发展。

表 1－2　幼儿行为观察记录案例（2）

观察对象：壮壮　　性别：男　　年龄：5 岁
观察记录： 壮壮喜欢与同伴交往、玩耍，但是在玩玩具时，如果他见到同伴在玩他喜欢的玩具，他就伸手去抢，而如果对方不肯给，他就会对同伴做出攻击性行为；课堂中，他随意发言，一旦老师没有立刻请他发言，他就生气地离开座位或说脏话。壮壮平时的脾气也很差，发脾气时会躺在地上踢着腿、甩着胳膊，哭闹着不肯站起来。每次攻击完教师或同伴后，他也拒绝道歉，在班级里，没有任何小朋友愿意和他交朋友。
发展评价： 壮壮是乐意与同伴交往的，但是自身的个性以及在社会性方面他又是有所欠缺的。他的气质属于胆汁质类型——遇事欠考虑，鲁莽冒失，易感情用事，因此在社交方面，常常以自我为中心，共情能力差，很难得到同伴的接纳。

（二）通过观察与评价，促进儿童达到发展目标

幼儿发展评价的评价对象是幼儿。但在现实中，很多时候我们并没有聚焦到幼儿身上。比如，在评价集体活动中幼儿的表现时，无论是教师本人，还是园长、评委、听课老师，甚至是摄像机，都会把关注的焦点对准教师①。大家都想了解教师怎样设计教学，教师是否能够把控全场，过程是否流畅，教学目标是否明确，重难点是否突出，怎样处理突发事件，等等。大家很少或者不习惯把关注的焦点放在幼儿身上，很少关注幼儿在课堂上的表现，也不能够了解幼儿通过这节课学到了什么。然而科学的评价应该是关注幼儿在活动中是否能够参与进来，是否能够手、眼、嘴、耳并用，教师是否提供给幼儿足够的活动材料，幼儿是否感兴趣，是否存在开小差、注意力不集中等问题。这才是观察和评价幼儿

① 王烨芳．学前儿童行为观察与分析．南京：江苏教育出版社，2012.

行为所要重点关注的问题。

（三）为家长提供教养支持

幼儿园阶段的孩子每天有1/3的时间都是在学校和老师、同伴一起度过的，家长迫切地想要了解他们的孩子在幼儿园的学习和表现，迫切需要从幼教专业人员那里获得更多的育儿支持。幼儿园老师就可以通过观察幼儿在幼儿园的表现，了解幼儿各方面的发展水平和特点，有针对性地对不同的幼儿提出与之发展相适应的教育策略。让家长更加信任老师，配合老师的工作，在家园共育的环境下，有效地促进幼儿的健康成长。

如表1－3所示，通过观察，李老师发现，云思小朋友是一个性格内向的孩子，不大主动与同伴交往，规则意识比较弱，同伴们不会主动找她一起玩。但云思做事比较有耐心，且有始有终。在肯定了云思的优点以后，云思似乎更积极了一些，她会在每次整理玩具的时候都整理得非常整齐，面对同伴她似乎也开朗了一些。当云思的妈妈询问云思的情况时，李老师如实告知，并建议她多陪伴，多关注孩子在一日活动中的行为，给予正确的引导，让云思可以在家中和幼儿园里都受到适当的习惯养成教育，双管齐下。云思妈妈欣然接受了李老师的建议。

表1－3　幼儿行为观察记录案例（3）

观察对象：云思　　性别：女　　年龄：6岁
观察记录： 个别化学习活动结束了，孩子们在老师的引导下纷纷拿起身边的椅子坐到教室中间，准备开展分享讲评活动。只见云思还待在语言活动区，一个人整理着桌子上的书籍。此时有几个孩子对着云思叫了起来："你快过来，分享交流了。"云思看了一眼他们，没有理睬，还是自顾自地整理着图书，直到把图书叠放在一起了，她才搬起小椅子坐到集体中来。在分享交流过程中，李老师在所有小朋友面前表扬了云思的行为，鼓励大家以后和云思一样能够将图书整理归位，但同时也希望她能和其他同伴一样，先和大家一起分享交流再整理图书。在这之后，李老师鼓励云思作为老师的小助手，带领同伴一起在个别化学习之后整理材料。这样尝试了一段时间后，云思开始慢慢地和同伴进行交流，有了良好的规则意识。

三、幼儿园教师与幼儿行为观察

其实我们前面所讲的大多数是幼儿园教师对幼儿行为的观察，这也是作为带班教师必备的一项基本技能。2001年颁布的《幼儿园教育指导纲要（试行）》指出，教师应成为幼儿学习活动的支持者、合作者、引导者，具体来讲：（1）以关怀、接纳、尊重的态度与幼儿交往。耐心倾听，努力理解幼儿的想法与感受，支持、鼓励他们大胆探索与表达。（2）善于发现幼儿感兴趣的事物、游戏和偶发事件中所隐含的教育价值，把握时机，积极引导。（3）关注幼儿在活动中的表现和反应，敏感地察觉他们的需要，及时以适当的方式应答，形成合作探究式的师生互动。(4) 尊重幼儿在发展水平、能力、经验、学习方式等方面的个体差异，因人施教，努力使每一个幼儿都能获得满足和成功。(5) 关注幼儿的特殊需要，包括各种发展潜能和不同发展障碍，与家庭密切配合，共同促进幼儿健康成长①。

2012 年教育部颁布的《幼儿园教师专业标准（试行）》中“教育活动的计划与实施”部分提出，幼儿园教师需要“在教育活动中观察幼儿，根据幼儿的表现和需要，调整活动，给予适宜的指导”。另外，在“激励与评价”部分也提出，教师应该“关注幼儿日常表现，及时发现和赏识每个幼儿的点滴进步，注重激发和保护幼儿的积极性、自信心”。教师还需要“有效运用观察、谈话、家园联系、作品分析等多种方法，客观地、全面地了解和评价幼儿”②。2012 年《3～6 岁儿童学习与发展指南》的出台，也为教师观察和了解幼儿提供了向导性指引③。这些都要求幼儿园教师具备专业的观察分析能力，具备对幼儿行为的敏感性，在日常生活、学习的点滴中观察了解幼儿，对幼儿教师的专业成长有极大的促进作用。

（一）幼儿行为观察对幼儿园教师发展的意义

1. 可以使幼儿园教师更好地开展教育活动

幼儿园教育活动的内容有一部分就来源于幼儿的兴趣、经验。教师通过对幼儿活动的观察，与幼儿进行平等的讨论，就能够发现他们的兴趣点、需求和困惑，并把这些经验汇总，运用到实际的教学当中。下面是一名幼儿园老师的教学实例：

> 国庆节马上就要到来了，这个月的主题为“我是中国人”。大一班的李老师也及时更新了他们班的主题墙，但是这次李老师有了一个新的想法，她没有像往常一样，把主题墙装饰得漂漂亮亮的，而只是画了一个大方框，剩下的全是空白。原来李老师想让孩子们一起讨论一下，应该往这面空白的主题墙上装饰什么才能够契合主题。于是大家七嘴八舌地讨论起来，有人说国旗，因为国庆节要升国旗；有人说食物，因为国庆长假出去吃好吃的；有个小朋友说房子，因为他看到过很多不一样的房子，有的是尖顶的，像宝塔一样，而他乡下奶奶家房子矮，上面还有瓦片。这个想法突然激起了孩子们的热情：“我也见过！”“我也见过，在我姥姥家！”……最后李老师把大家的

① 教育部关于印发《幼儿园教育指导纲要（试行）》的通知．中华人民共和国教育部政府门户网站，2001－07－02.

② 教育部关于印发《幼儿园教师专业标准（试行）》《小学教师专业标准（试行）》和《中学教师专业标准（试行）》的通知．中华人民共和国教育部政府门户网站，2012－09－13.

③ 3～6 岁儿童学习与发展指南．中华人民共和国教育部政府门户网站，2012－10－15.

想法总结了一下，孩子们说出了两类房子：中国古代的房子和现代的房子。李老师当场就决定，这次的主题就设定为新房子和老房子，并给孩子们布置了任务，让他们回家之后观察一下自己附近的新房子和老房子，让爸爸妈妈拍照片带到幼儿园来，和大家一起分享。

李老师通过这样的头脑风暴，让孩子们分享经验和兴趣，最后生成了符合大家兴趣和需要的课程，使教育活动更加丰富，更加贴近幼儿的生活实际。

2. 促进幼儿园教师专业能力的提升

幼儿教师观察评价幼儿的另一个客观作用是，通过观察幼儿对活动的参与程度、幼儿的身心发展水平，评价教师的工作，找出教师在保教工作中的优点与不足，进而改进教师的工作。一方面，通过观察幼儿，了解幼儿的发展有没有达到预期的标准，幼儿的能力有没有得到提高，幼儿对幼儿园活动是否感兴趣等，进而调整自己的活动设计。另一方面，对幼儿的观察本身就是一种研究，通过观察可以得出一些有价值的结论，这将有助于幼儿教师向研究型教师的方向迈进。

自我反思是指教师着眼于自己的教育活动过程来分析自己做出的某种行为决策及其产生的结果①。在教育教学中，自我反思是教师专业能力提升的关键。幼儿教师可以利用自己的经验发现问题，与同行进行交流。例如，一位幼儿园老师在指导小班幼儿“大家来画画”活动后反思：“以往小班绘画，尤其是第一次画画，由于教师对画面有一定的要求，总希望幼儿画出点什么，画得像什么。这导致总是有幼儿哭闹着不愿意画，或者画完揉掉、扔掉不给老师看。这次活动中，教师从幼儿兴趣入手，改变以往的教育观念，以支持者、欣赏者的身份组织这次活动，虽然幼儿画画很稚拙，但每一笔都有他们自己的想法，充满童真、童趣，并且孩子们对这个活动兴趣浓厚，不少幼儿画满一张还要画，整个过程轻松融洽，师幼互动很好。”要成为一名实践反思型教师，对幼儿行为、活动、作品细致入微的观察是基础功课。

（二）幼儿行为观察对幼儿教师的要求

幼儿教师作为从事幼儿教育工作的专业人员，对幼儿行为的观察与分析也是必备的专业技能。那么，为了能够科学地观察、解读和评价幼儿的行为，幼儿园教师应该做好以下准备工作：

1. 树立科学的幼儿观

科学的幼儿观包括热爱并尊重幼儿，尊重幼儿的个体差异，重视幼儿的情感需要，接

① 林菁．幼儿教师的“反思性教学”探微．福建师范大学学报（哲学社会科学版），2004（3）.

纳幼儿认识的不足，接纳幼儿的缺点，等等。教师只有树立了科学的幼儿观，才能够把行动落实在教育活动的点点滴滴之中。只有当了解了幼儿的发展是普遍性和阶段性的统一、具有个体差异性、需要教师的情感投入和接纳时，教师才会深入了解幼儿，观察幼儿的发展变化，体会幼儿的情绪状态，耐心与幼儿交谈。科学的观察也是从这里开始的。

2. 了解幼儿的年龄特点

幼儿的发展是具有连续性和阶段性的，不同年龄的幼儿在认知、语言、情绪情感、社会性、个性等方面是具有极大差异的。虽然幼儿具有个体差异性，但是大多数幼儿有他们普遍的年龄特点。不同阶段的幼儿即使出现同一种行为问题，原因也可能千差万别。例如，同样是说谎，3 岁的幼儿和 5 岁的幼儿说谎的原因会有很大差异，3 岁幼儿说谎可能是因为他们分不清想象和现实，5 岁幼儿说谎则可能是为了逃避家长的惩罚，或者是为了获得某种奖励。

3. 掌握幼儿发展理论

幼儿行为观察的目的是解释幼儿行为，并有针对性地采取措施。与幼儿发展相关的理论恰恰为我们解释幼儿的行为提供了理论依据，这些理论都是前人研究的成果，并且经过了实践的验证。

4. 掌握相关的观察方法

幼儿行为观察需要我们收集信息，处理资料，得出结论并提出建议。在这个过程中，每一个环节都需要相应的方法来支撑。与幼儿行为观察相关的方法（详见本书第二章）主要包括叙述法、取样法、判断法等，不同的方法适用于不同的幼儿行为，幼儿园教师需要详细了解每一种方法的运用流程，在使用过程中做到科学、严密。

第二节　发展科学与幼儿行为观察

幼儿的行为可能会受到很多主客观因素的影响，也一定会体现出一些个体差异，但总的来说，幼儿的发展还是有规律可循的，我们只有掌握了幼儿发展的特点以及影响因素，才能够对其进行发展性的评价。本节也将从这几个方面介绍发展科学对幼儿行为观察与评估的理论指导。

一、幼儿发展的基本特征

幼儿的心理发展是一个过程，它是完整、连续、有自身规律的，是连续性和阶段性的统一。各个年龄阶段具有不同的发展特点，3～6 岁幼儿的身心发展也具有一般的特征和总体趋势。只有充分地把握幼儿心理发展的特点，才能够深入地理解幼儿，从本质上理解他们的所作所为，进而探究原因并提出解决策略。这也是有效地进行幼儿行为观察的基础。接下来我们探讨一下幼儿心理发展的一般特点。

（一）认知发展的具体形象性

幼儿的思维发展处在前运算阶段，主要是通过感知觉，依靠事物的表象来认识事物，思维的具体形象性贯穿整个学前阶段。这个阶段的幼儿思维的自我中心性特别强，缺乏观点选择能力，很难从他人的角度思考问题；思维的可逆性很差，还不能脱离事物的表象在头脑中进行象征性的符号思维，所以你会经常感到幼儿的思维很刻板。另外幼儿具有泛灵论的特点，往往把其他没有生命的事物想象得和人一样，有生命，有情感，这源于他们对物体的不完整认知，认为那些不熟悉的事物是有生命的。虽然他们相信童话故事中的仙女、超人具有超自然的力量，但是他们不认为这些仙女、超人能够改变他们现实的生活。

（二）心理活动和行为的无意性

幼儿的自我控制和自我调节能力随着年龄增长呈现螺旋式上升的趋势，但在当前阶段这些能力仍旧较弱，很容易受到其他事物的影响而改变原来的活动内容和方向。比如：让一个 3 岁的孩子帮妈妈把厨房里的筷子拿来，可能在半路上他却被一个好玩的玩具吸引，把妈妈交代的事忘得一干二净。幼儿园阶段的孩子很难在参与集体教学活动时，把全部的注意力都集中在老师以及活动上。幼儿的注意、记忆、思维、想象等大多是无意的，所以这个阶段进行专门识字教学、记忆训练等，反而没有在一些活动、游戏中学习的效果好。

（三）开始形成最初的个性倾向

个性又称为“人格”，是具有一定倾向性的各种心理特点或品质的独特组合。在 2～3 岁的阶段，幼儿已经显现了最初的个性倾向，比如，随着自我意识的出现，他们喜欢说“不”，独立意识增强，物权意识增强，喜欢用“我……”等，这些都是个性的萌芽。3 岁之后，这种倾向会更加明显，范围也逐渐扩大。幼儿逐渐会有自己的兴趣爱好和行为习惯，也开始形成对他人和自己的态度，他们可以评价自己的老师、同伴，对自己的相貌、行为、能力也有了基本的认识。当然，这些所谓的个性倾向性特征都不稳定，很容易受外界因素的影响，范围也有很大的局限性，而且不深刻。比如，问一个中班的幼儿，你喜欢你们班的×××吗？她回答很喜欢。但是过几天再问她同样的问题，她却说有点不喜欢，因为那个孩子今天没有找她玩。所以说幼儿行为的情绪性很强，当他们开心时，在他们眼里什么都是好的，当他们生气、愤怒时，也会“六亲不认”。这一阶段的幼儿虽然个性发展不成熟，但是这个阶段的经历会对他们以后的人际交往以及健全人格的发展产生重要影响。

二、幼儿的行为特点

幼儿的行为特点会对教师观察与解读他们的行为产生阻碍。有时，幼儿的很多行为令家长和教师感到无法理解。我们经常看到妈妈抱怨自己的孩子太调皮，太不服管教，对他们束手无策，等等。其实，幼儿的身心发展还未成熟，很多心理与生理机制还处于不断发展和完善的阶段，因此他们会有独特的行为特征。下面将介绍几种比较典型的幼儿行为特点：

（一）语言表达能力有限

语言的发展晚于身体动作和其他认知的发展，学前阶段的幼儿语言能力尚未发育完全。很多幼儿因为语言的限制不能清楚地表达自己的需求和愿望，但又不能通过文字书写代替，因此容易让人产生误解，年龄越小，这种问题就越明显。只有对幼儿最熟悉的照顾者才能很好地照料幼儿，到了幼儿园之后，在较陌生的环境中，幼儿往往会出现很多不适应。

（二）情绪发泄渠道单一

幼儿最常用的情绪宣泄方式就是“哭”，仿佛哭就能解决一切问题。但是很多时候成人不能够理解他们为什么哭。幼儿的语言发展不完善，动作发展还未分化，因此无论是愤怒、生气还是伤心难过可能都是用哭来表达。想要喝水和想要吃饭可能是同一个手势，需求得不到满足和被欺负都只会哭，无法通过语言表达来向成人陈述原因。当幼儿园老师还不完全了解幼儿时，就有可能造成多种问题。例如，一个刚刚进小班的孩子，话还说不清楚。一次，老师看到他一副想要哭的样子，问他原因他也说不出，只是拉着老师的衣角，依偎在老师的腿边，老师认为他可能是想妈妈了，就安慰了他一下。过了一会儿，幼儿尿裤子了。由此可见，对幼儿行为的观察和解读需要细致周到，也需要经验的积累。

（三）行为易变

在3～6岁的阶段，幼儿的自我控制能力发展不足，行为的情绪性比较强，思维发展也处在以自我为中心的阶段，不能够从他人的角度考虑问题。当幼儿出现情绪问题时，背后的原因可能是多种多样的。幼儿园老师不能够完全通过这种情绪的变化来解读或者评价他们的行为，就需要去了解清楚事情的来龙去脉。

（四）个体差异大

虽然幼儿的发展具有普遍性的特点，但是每个幼儿的发展，由于其生理基础、家庭教养环境以及以往的生活经验等方面各有不同，又会呈现出很大的个体差异，同一件事情，不同幼儿的反应可能完全不一样。例如，幼儿园小班下午吃点心时，很多幼儿爱吃火龙果，大家都吃得很开心，但稍后的个别化学习活动时间，冬冬小朋友因为吃了火龙果出现了过敏症状。可见，幼儿园教师要做到了解每一个幼儿的情况，在观察了解之后，可以把这些需要格外留心的事项贴在教室的墙壁上。

以上特点会直接影响成人对幼儿行为的观察与解读。因此，无论是专业性较强的幼儿园教师，还是特别了解幼儿特点的家庭教养人，都应该在解读与评价幼儿的行为时，排除自己的主观臆断，充分地考虑幼儿行为的特点，尽量避免对幼儿的行为产生误解。

三、从发展的角度对幼儿进行评价

（一）关注各发展领域之间的联系

每一个发展领域都会影响其他领域，同时受到其他发展领域的影响。观察幼儿行为时，应当牢记这一点。比如，幼儿的性格、气质可能会影响他们的师生关系，幼儿的家庭教养可能会影响他们的技能获得水平，幼儿的身体特征可能会影响他们的同伴关系。一个身材和年龄都比较小的幼儿可能会因为身体的原因，形成较差的同伴关系，不敢和身材比自己高大的小朋友交往，而不是气质或者家庭原因。

（二）考虑影响幼儿发展的各个因素的相互作用

幼儿不是环境刺激的被动接受者，而是积极主动的探索者，幼儿的发展是与他人和社会环境相互作用的。幼儿的个性、气质、性格、行为等都会影响他人对幼儿的看法，同样，他人的态度、反应和行为特征也会反过来影响幼儿的行为模式。比如：幼儿的气质类型中，那些易养型的幼儿跟母亲的关系会更亲密，母亲也会更加关注他们的需求，对他们也更了解。那些难养型的幼儿和母亲的关系相对紧张，母亲对他们的关心、了解也不及前者多。

（三）考虑环境对幼儿的影响

维果茨基的社会文化理论认为，幼儿是生活在一定的社会文化环境中的。对于幼儿而言，他们的行为会受到来自家庭、同伴、教师、社会传媒的共同影响。幼儿园教师在解释幼儿行为时，应当从多方面考虑，尤其是家庭原因，幼儿的很多不良行为都是不恰当的家庭教养所导致的。

（四）从发展的角度看待幼儿的经验水平

幼儿的现有发展不是孤立于之前知识经验而发生的变化，而是会影响到以后知识经验的获得。也就是说，在观察幼儿时，尤其是观察幼儿的学习水平、游戏水平、身体发育水平等时，不能忽视幼儿先前的经验的影响，也不能不考虑幼儿现有的发展水平，而要根据多方面的情况，对幼儿施加最近发展区的教育。比如：要理解小班的幼儿还不会穿脱衣服、不会自己上厕所，因为他们已有经验不足；也不要为一个中班的幼儿已经能够背诵很多诗词、学会很多技能而感到不可思议。

（五）考虑幼儿的个体差异

上面也提到，幼儿的发展千差万别，不仅表现为个性、习惯、兴趣的差异，还表现为发展速度、优势领域的差异。虽然每个人的发展顺序不会改变，但是幼儿各自生长和发展的速度以及他们智力、身体、技能发展的倾向性却不尽相同。比如，一位幼儿园老师观察到一个幼儿数学能力特别强，思维机敏，而另一个幼儿除了喜欢说话之外，其他各项活动都做得不好，于是对这两个幼儿产生截然不同的看法。加德纳曾提出多元智能理论，认为每个人各有自己的优势领域和强项。教师应摒弃偏见，在观察的基础上针对每个幼儿的特点进行有针对性的指导。

第三节　观察方法的概述

一、观察方法的分类

与第一节提到的幼儿行为观察类似，教育科学研究中的观察法是指观察者通过感官或通过一定的观察仪器有目的、有计划地考察和描述教育现象的一种方法。观察方法可以分为一般观察方法和具体观察方法，后者我们会在第二章详细讲解，接下来我们一起探讨幼儿行为观察的一般方法。根据不同的标准，将一般观察方法划分为以下几类：

（一）结构性观察和非结构性观察

观察可以分为结构性观察和非结构性观察，二者的区别在于观察过程的结构性和控制程度的高低。

1. 结构性观察

结构性观察是指有详细的观察计划、明确的观察指标体系，一种系统化的可控制的观察。观察者需要事先设计好观察的内容和项目，设计出有关的观察表格，并在实际观察活动中严格按照计划进行观察记录。结构性观察有以下一些显著的特点：（1）具有详细的观察计划和细致的观察指标。第一，在正式观察之前要对观察的行为做界定，预先确定好观察什么行为。有时候为了方便，还会给行为下操作性定义——观察什么行为、行为的具体表现、行为的具体含义等。第二，要有详尽的观察记录表格，观察记录表中应包括以下这些内容——观察对象、观察对象的基本信息、观察时间、观察者的角色、观察主题、观察情境、观察事件或行为的详细条目、观察的时间间隔等。(2) 观察过程的严谨性和可控性。在观察过程中要严格按照事先确定的观察计划进行，使用设计好的观察记录表进行记录，不使用其他的记录方式。观察的内容是固定的，观察记录表也类似于结构式问卷，观察者根据统一的要求，对每一个观察对象进行统一的观察和记录，因而其结果可以用来进行定量分析。在观察之前，要对观察者进行培训，提高观察者的一致性信度。(3) 观察结果可量化程度高。因为结构性观察运用的观察方式相对严谨，而且有明确的观察指标，因此对观察结果的处理可量化程度很高，大都以数据（如数据图、数据表）呈现结果。结构性观察得到的资料较真实，结果也比较可靠，受个人的主观因素影响较小。

2. 非结构性观察

与结构性观察相对，非结构性观察是没有事先规划好的、不严格的观察计划，它需要随着观察对象及其所处环境的变化而对被观察者进行记录、分析，是一种弹性和开放性程度更高的观察方法。非结构性观察具有以下特点：(1) 不事先制订严密的观察计划，对观察的进程和具体项目不做要求。(2) 一般不事先设计观察表格，没有统一固定不变的观察内容。在观察过程中根据观察对象的实际情况逐步展开，逐渐将观察内容细化。但也需要对每一事项列一个观察提纲，只是提纲的内容和形式都比较开放、灵活。(3) 观察结果的可量化程度低。非结构性观察只是对当时的情况做叙述性的文字描述和记录，一般通过建立行为的扎根理论（grounded theory），解释说明某种行为现象的本质；可以产生结论，但不验证结论。

（二）参与观察和非参与观察

根据观察者是否直接参与观察对象的活动，观察可以分为参与观察和非参与观察。

1. 参与观察

在参与观察中，研究者实际参与到了被观察者的活动当中。观察者可以参与到幼儿的游戏、运动、生活活动中，直接体验和接触幼儿，记录下他们的一言一行。当观察者和观察对象不熟悉的时候，观察者可以参与到幼儿的活动中，和他们进行一些语言和身体上的互动，拉近心理距离，这样，幼儿对观察者的戒备心也会减少，有利于观察者得到真实客观的观察资料。这种观察的内容和形式一般都比较灵活开放，允许观察者根据需要调整自己的观察目标、观察内容等。但是参与观察也有其明显的缺点，一般参与观察主观性比较强，而且被观察者容易受到观察者的影响，这降低了观察结果的客观性。观察者既要与被观察者建立相对良好的关系，又要保持观察者的身份，这种心理距离很难把握，又费时费力，因此，参与观察一般比较适合于长期和幼儿待在一起的幼儿园教师。

2. 非参与观察

非参与观察是指观察者不会参与到被观察者的活动中，完全以局外人的身份进行观察。非参与观察既可以是公开的观察，即被观察者知道自己正在被观察，也可以是隐蔽的观察。可以使用摄像机等仪器或者通过单向玻璃观察幼儿。例如，一位幼儿园老师在幼儿自由游戏时，观察一个幼儿与同伴互动的情况，教师在不远处观察幼儿的语言、动作，但孩子并没有意识到教师在观察他。非参与观察，由于观察者并不干预和参加幼儿的活动，只是以旁观者的身份进行观察记录，因此比较能够集中注意力，得到的结果也相对客观，操作起来也简单易行。但是非参与观察不能像参与观察那样深入了解幼儿，当被观察者知道自己被观察时，会受到无关因素的影响，最终影响观察结果的客观真实性。

（三）群体观察和个体观察①

根据观察对象的数量，可以划分为群体观察和个体观察。

其实群体观察无法与个体观察完全区分开来。我们不可能观察一个群体而不获得关于其中的个体的重要信息。对特定个体的观察，就像一对一的谈话，你同一时刻只能听一个人说话，否则就很难理解对话。如果希望一次性观察两名以上的幼儿，就只能先观察一个，再观察另一个。一次观察多名幼儿的时候，只有观察幼儿个体之间的互动，观察才会有意义。那么怎样进行群体观察呢？第一，把幼儿看作一个个体，集中关注每个幼儿的行为模式，不考虑行为情境和其他幼儿，这也可以被称为个体观察。第二，也是观察个体的行为，但是要把个体行为放在行为情境中。第三，主要观察群体行为，较少地关注个体，更多地关注几个幼儿作为一个整体的行为。赋予他们某种特征或品质，比如友好的群体、有敌意的群体等。

二、正式观察前的准备

在正式观察之前，观察者需要做一些准备工作，以保证观察的科学性，提高观察效率。这些准备工作包括：确定观察目标、制订观察计划、准备观察材料及观察人员。

（一）确定观察目标

在进行观察之前，首先要确定观察目标，这对整个观察过程是至关重要的，是对幼儿

① 本特森．观察儿童：儿童行为观察记录指南．于开莲，王银铃，译．北京：人民教育出版社，2009.

行为进行观察的核心任务。观察者必须从幼儿众多复杂的行为中，排除干扰因素，集中观察他们最想看到的行为。观察目标形式多种多样，有些观察无确定具体的目标，但是观察者一般知道观察的总目标，比如幼儿的同伴互动情况、幼儿动作的发展情况等。大多数时候，观察者需要根据自己已有的观察经验和相关的幼儿发展理论，确定更加细致和具体的观察目标。教师想要了解幼儿在特定情境中的行为发生情况和原因就是一种更加细致的目标。例如，一位教师在集体教学活动时，几个坐在一起的幼儿总是小声说话，叽叽喳喳。所以，教师的观察目标就可以是“观察记录幼儿在集体教学活动时的说话行为”。

（二）制订观察计划

观察目标能够指引观察朝着既定的方向进行。但想要顺利、高效地完成观察记录，还必须事先制订完备的观察计划。一个完整的幼儿行为观察计划主要包括：观察对象、观察情境、观察者的角色、观察的时间和次数、观察记录方法和手段等。

1. 观察对象

很明显，幼儿行为观察的对象肯定是幼儿。但是往往我们没有时间和精力观察全部的幼儿。因此，需要对观察对象进行筛选。怎样从众多的幼儿中筛选出我们的观察对象呢?大多数幼儿所表现出的行为并不复杂，当幼儿出现某种行为时，教师在大多数时候能够应对。但是，对于幼儿的某些行为，教师是不能够依据自己的经验和已有的理论知识立刻做出反应的。这时就需要进行有计划的正式观察，那么这群或者这个幼儿就成为教师的观察对象。

2. 观察情境

幼儿发生的所有行为都有场所和具体情境。观察场所主要指观察的地点以及一些相关的硬件因素，如活动室、厕所、餐厅、操场、教室、教室中间的大桌子等。观察情境指的是观察场所中与社会和心理相关的一些情况。观察场所和观察情境是很难截然分开的，幼儿的行为一定是在特定情境中的特定场所发生的。例如，观察幼儿的争执行为，观察地点就是活动室，观察情境就是自由游戏的过程。争执行为在自由游戏中发生的频率比较高，而自由游戏一般都是在活动室进行，因此，观察场所和观察情境是密不可分的，一起构成了幼儿行为发生的背景。

3. 观察者的角色

在前面观察法的分类中已经提到，根据观察者是否参与被观察者的活动，可以把观察分为参与观察和非参与观察。在实际观察过程中，为了尽可能深入地了解幼儿，对幼儿的观察经常采用参与观察法。观察者作为幼儿群体的一分子参与群体的活动，这时教师是一个参与式的观察者，包含两种身份。

4. 观察的时间和次数

所有的观察都是在特定的时间进行的，观察时间指的是具体在一天的什么时候进行观察以及观察持续多长时间。除此之外，观察时间还包括记录行为的持续时间、两次观察之间的间隔时间（尤其是时间取样法）等，时间是解释幼儿行为的一个重要指标。观察次数是指在观察中共需要多少次观察，以及在某一时间内重复观察某种行为的次数。一般来说，观察的次数越多、时间越长，就越能够得到可靠的信息。

5. 观察记录方法和手段

观察记录方法是保证观察能够顺利进行的技术手段。由于观察目标、观察行为的差异，观察记录方法也不尽相同，不同的观察方法各有优势和劣势，适用于不同行为的观察。例如，要了解幼儿语言发展的过程，就适合用日记记录法，即把幼儿每天发生的一些小事件都记录下来，这样持续半年甚至更长时间，就能够发现幼儿语言发展经历了什么样的变化。

（三）准备观察材料及观察人员

除了上述观察目标、观察计划的准备之外，在正式实施观察之前，还需要准备一些必备的材料以及相应的经过训练的观察人员。

1. 观察记录表格

大多数时候，在观察幼儿行为时，需要进行现场记录。记录方式有很多种，可以是文字性、叙述性的记录，也可以是符号和数字记录，这两种记录方式都需要事先准备好观察记录表格。

2. 观察所需的仪器设备

除了用纸笔进行记录之外，很多时候我们为了防止信息遗漏，会借助一些仪器设备（摄像机、录音笔、计时工具等）辅助记录信息。

3. 观察人员

前面提到过，正式的结构性观察，为了保证观察所得信息的可靠性，对观察者的一致性信度要求很高，要求观察者使用完全一致的语言、规范化的操作方式，同时还要求观察者熟悉所要观察的行为，熟悉观察记录表格以及表格的填写规范和幼儿行为记录方法。

三、观察的过程

在所有观察前的准备工作结束以后，就是具体观察计划的实施环节了。实地观察的过程主要包括四个方面：客观描述、呈现观察结果、解释说明、做出评价和提出建议。

（一）客观描述

客观描述是指在进行观察记录时，尽可能地把所观察到的被观察者的全部行为及与被观察者相关的人、事、物客观完整地记录下来，尽量避免加入观察者的主观评述，在观察记录里应不包括观察者的解释、评价、印象、猜测等。作为一种客观的描述，是把当时儿童的行为、语言客观地描述出来。

一段客观的描述能够得到其他观察同样情境的观察者的认同，有利于对得到的数据资料进行客观的分析。有时候，观察者需要使用很多记录方法，如轶事记录法、实况详录法、日记法等，有时候只需要在观察记录表格上标记符号和数字即可。当需要观察记录的内容很多时，可以使用摄像机、录音笔等仪器进行辅助记录，以便核实观察资料。当不太方便使用仪器设备时，为了保证及时、全面、详尽地记录资料，最好不要全部依赖记忆，可以采用两个以上的观察者同时进行观察记录，然后相互核对信息的方式，几个观察者的观察资料信息若能一致也可以保证观察的客观、全面、详尽。关于观察记录幼儿时语言使用的建议如表 1－4 所示。

表 1－4　观察记录幼儿时语言使用的建议

避免使用	请使用
该幼儿爱	他经常选择
该幼儿喜欢	我看到过他
该幼儿喜爱	我听到他说……
他在……上花很长时间	他花了 5 分钟做……
似乎	他说
看上去，显得	几乎每天他……
我认为	每月有一两次
我觉得	每次
我想	他持续地
他做……做得非常好	我们观察到一种模式
他不擅长	

资料来源：格朗伦，英吉儿．聚焦式幼儿成长档案：幼儿完全评估手册．南京：南京师范大学出版社，2007.

（二）呈现观察结果

在观察结束之后，就要对观察得到的材料进行统计分析并得出观察结果。观察结果的呈现要清晰明了，根据不同的观察方法以及不同的统计方法，观察结果的呈现方式也略有差异，主要有两种：文字报告式和图表式。

文字报告式（见表 1－5）是最常用的一种观察结果的呈现方式，就是用简洁的文字概括所观察到的结果，提炼出主要内容。

表 1-5　幼儿行为观察记录案例（4）

观察记录： 小朋友们在进行午餐时，教师默默地观察小朋友们，他发现有些小朋友没有在专心进餐，而是在旁边小朋友的碗里放吃的或拿吃的。仔细一看，小强旁边的丽丽把牛肉放进了小强碗里，小强对面的小勇把不吃的胡萝卜也放进小强碗里，而小强并不想接受小勇的胡萝卜，他站起身，用勺子敲了小勇的头，然后把碗里的胡萝卜都挑了出来，最后放回小勇的碗里。

图表式包括很多种，如曲线图、直方图、饼状图、流程图、数据表等。使用图表呈现结果比较直观明了，并且便于分析对比，一般适用于定量的观察方法，比如：时间取样法、检核表法、等级评定法等。

例如，李老师想要了解小班幼儿游戏类型的特点，就采用时间取样法，在 4 分钟内观察了 4 个幼儿旁观、独自游戏和联合游戏的持续时间，每个幼儿观察 10 秒，记录 5 秒，然后观察下一个幼儿，每个幼儿都得到 60 秒的观察数据，把每个幼儿在这 4 分钟内每种游戏类型持续的时间用柱状图表示出来，就可以清楚看到每个幼儿每种游戏类型的持续时间，还可以比较不同的幼儿以及每个幼儿在不同游戏类型上的变化（见图 1-1）。

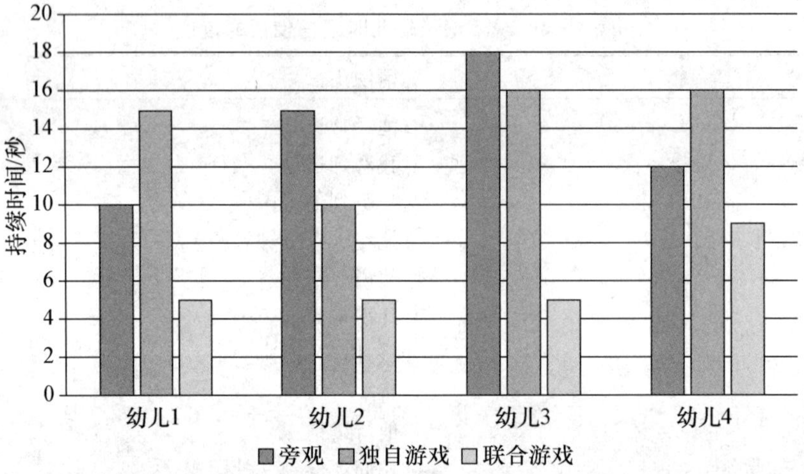

图 1-1　小班幼儿不同游戏类型持续时间统计图

（三）解释说明

呈现观察结果之后，需要挖掘结果背后的原因，明确幼儿的行为动机，赋予幼儿行为意义。对观察结果的解释也是观察过程中难度最大的一个环节，在对幼儿行为进行解释之前，需要彻底、深入地了解幼儿，分析幼儿行为发生的背景，同时还要联系与幼儿发展相关的理论，以及幼儿的年龄阶段特点等。因此，幼儿园每个观察者的专业能力、知识结构、经验、态度等的差异，使得他们对观察结果的解释也会产生差异，会造成一些不可避免的主观性偏见，但是随着经验的积累以及专业能力的提升，他们对观察结果的解释也会趋于科学、合理。

（四）做出评价和提出建议

在提出教育教学建议前，可以先基于观察结果，总结评价幼儿的发展情况。评价时应尽量做到具体，不对幼儿做绝对性的评价和假设，尽量做到客观、真实。在做出评价之后，应当针对发现的问题或者是相关行为特点，提出相关的建议。这也是观察最重要的目的——了解幼儿的愿望和需求，从而为促进幼儿的个体发展提供必要的活动和材料支持。

四、注意事项

（一）记录的主观性

前面提到过，根据控制程度的不同，观察可以分为结构性观察和非结构性观察。虽然大多数结构性观察有严格的观察记录表格，对观察者也有严格的培训，但是由于每个观察者在专业水平、经验、态度、状态、敏感性等方面都不一样，因此，每个观察者的观察记录也会带有很大的主观色彩，主要表现在以下几个方面：

1. 敏感度和觉察能力

观察者个人对幼儿行为的敏感度和觉察能力，对观察记录资料的收集和分析有很大影响。例如，一个中班的幼儿，别人都出去了，他却一个人在叠凳子，但是无论他怎么努力，都不能把凳子叠得像老师那样，他把凳子翻过来、倒过去，最后还是没有成功。面对同样一件事情，敏感度和觉察能力不同的老师可能会有不同的反应。有的老师可能会觉得好笑，直接过去给他示范，或者直接帮他叠凳子。但是有的老师可能会在一旁仔细观察幼儿，认为这是幼儿在主动探索空间关系，即使最后没有成功，他也获得了主动探索的经验。这类教师可能会把幼儿的行为记录下来，并加以分析。

2. 观察者的个性特点

观察者个人的态度、情绪、需要、愿望等也会影响观察的过程，导致观察结果出现偏差。例如，一个老师在观察幼儿的亲社会行为时，对于平时非常喜欢的幼儿，在观察时可能更倾向于把一些好的行为加在幼儿的身上。如果一个幼儿经常捣乱、调皮，即使偶尔出现了亲社会行为，老师可能也不以为然。

3. 观察者身体的原因

观察者的疲劳程度会很明显地影响观察结果。如生病、身体不舒服或者有心理困扰等，都会使他们注意力不集中；或者是天气、观察环境、气温等客观因素对观察者产生的不利影响，也会影响他们观察时的状态。

（二）记录的常见问题

观察者在进行记录的过程中，往往会出现三种比较常见的问题，即漏记、多记和变序。“漏记”是指观察者在进行观察记录的时候，由于无法兼顾观察与记录两个过程，而导致对行为记录的遗漏。一般幼儿园教师在观察幼儿的行为时，很容易出现漏记的现象。“多记”是指观察记录者没有完全客观地对行为进行记录，而是掺杂了自己的主观判断和解释，并将自己的主观判断和解释作为观察记录的主体部分。“变序”是指观察者在行为记录的过程中颠倒了行为出现的先后次序，从而导致对行为的误解。

（三）伦理道德问题

美国心理学会在《心理学家的道德准则与行为规范》中提出：“心理学家必须尊重个体的尊严和利益，尽量保护个人最基本的人权。心理学家应致力于增加对人类行为的认识，让人们更了解自己和他人，并运用这些知识为人类谋幸福。在追求这些目标时，必须尽量保护研究参与者的利益——这也是研究目标的一部分。”① 对幼儿行为的观察研究，尤其应该遵守研究者应有的道德准则，在进行观察记录的同时，保护幼儿的隐私和安全。

具体来讲，在对幼儿进行行为观察的过程中，以及在处理和保存资料的过程中，我们应该注意以下几个方面：

1. 幼儿有权利随时终止观察者对他的观察行为

当某个幼儿不希望被观察，或者观察本身让他感到不舒服时，都要立刻停止观察。如果有家长提出不希望幼儿被观察的要求时，观察者也应当尊重父母的要求。当观察涉及幼儿的权利和隐私时，观察者应事先征得家长的同意，签订协议书。被观察幼儿的父母有权利了解观察者所在的单位、观察目的以及一些与观察相关的材料，一些专业的研究者（大学老师或者研究机构）在进行观察时，尤其需要事先和父母沟通，以保障儿童的合法权益。

2. 观察者不能对幼儿的任何方面造成伤害

对身体的伤害很容易被看到，但是心理的伤害却不容易被察觉。虽然很难对心理的伤害进行定义，但确保幼儿的身心不受伤害，是观察者的责任。如果观察者不能确定观察是否会对幼儿造成伤害，那么可以提交权威机构认定或者审查。

3. 保护幼儿的隐私

保护幼儿隐私包括两个方面：一是观察者应当保证所得到的观察资料只为内部研究所用，不会公开，同时研究的结果也并无优劣好坏之分，只是考察幼儿的发展状况。二是观

---

① 夏钟丽，宗瓦．心理学家的道德准则．心理学动态，1987（4）：48－55.

察者在观察过程中可能会发现幼儿的某些缺点或不足，家长得知观察结果后，往往会产生攀比心理，当孩子的表现不如别的孩子时，会产生不快。作为研究者，应当注意到家长的这种情绪，及时地进行解释、疏导。

拓展练习

做一做

通过查阅文献资料，了解相关法律法规对幼儿园教师行为观察能力的要求。

想一想

1. 是否理解了以下内容？

（1）观察的含义。

（2）行为的含义。

（3）观察的步骤。

2. 是否掌握了以下内容？

（1）幼儿行为观察的含义。

（2）幼儿行为观察的价值。

3. 是否能综合运用以下内容？

（1）根据观察的步骤观察身边发生的事情。

（2）根据幼儿身心发展的特点观察他们的行为。

试一试

通过阅读相关书籍和上网查询，比较幼儿行为观察与一般观察的异同。

第二章

幼儿行为观察的方法

本章导航

幼儿行为观察方法的类型

各种观察方法的操作步骤

各种观察方法的优缺点

掌握科学的观察方法有助于增强学前教育教师的专业性和权威性，使其具备证据意识、专家思维和专业素养。本章将详细介绍各种不同的观察方法（见表 2－1）。值得注意的是，在选用观察方法之前，观察者必须明确自己的观察对象和观察目标，这样才能选择最为适合和准确的观察方法来开展行为观察。另外，本章的每一节除了介绍各种观察方法的运用方式之外，还会探讨各种方法的优缺点，这也是观察者在选用观察方法时需要考虑的问题。

表 2－1　观察方法的分类

类别	具体方法
叙述法	叙述性描述
	轶事记录法
	日记描述法
取样法	时间取样法
	事件取样法
判断法	检核表法
	等级评定法

方法选用得正确与否往往与观察过程是否顺利、观察结果是否有效、观察目的能否实

现有着紧密的关系，因此，观察者需要十分熟悉各种方法的特点、适用范围以及优缺点等信息，以便做出正确的选择。

第一节　叙述法

根据观察所收集到的信息特征可将其分为描述性的证据与数据化的证据，这就造就了定性与定量的严格分野。叙述法是人种志在课堂观察上的运用。运用人种志对课堂进行实地研究始于 1968 年扬、史密斯和杰弗里的尝试，在随后的发展中陆续开发出描述体系（descriptive system）、叙述体系（narrative system）、图式记录（map record）等记录方法，并由于自然主义、人种志、现象学、叙事研究等多种理论的影响诞生了众多别具特色、相互冲突的质性课堂观察方法①。叙述法体现在观察工具上，包括叙述性描述（narrative description）、轶事记录（anecdotal record）、进展记录（running log）、日记描述（diary description）、现场笔记（field notes）等。简而言之，叙述法就是用文字描述幼儿的行为，是在进行幼儿行为观察记录时最常用的方法②。

一、叙述性描述

叙述性描述又称连续记录法（continuous recording），其目标是详细、客观地描述行为，而不是对幼儿行为进行推论、解释和评价。这是一种正式的观察与记录方法，按照事情发生的顺序，以记述的方式详细地记录有关行为。

描述的内容包括幼儿行为发生的情境、发生的顺序以及具体的行为。相对于其他方法而言，叙述性描述不具有选择性，要求研究人员记录所有在观察期间发生的事情，保留原始的未加工的数据。尽管如此，观察者仍需要事先了解观察时间、地点、对象和方式。

（一）叙述性描述的运用

通常情况下，观察一般限制在一个小时之内，可以由多位观察者连续轮流记录。观察者在运用叙述性描述时需要注意尽量详细、客观地描述幼儿行为，避免过于抽象、笼统和带有主观判断的描述。

假设有天早上我们看到一名幼儿走进班里，他没有和老师或其他小朋友打招呼，而是

---

① 夏雪梅．以学习为中心的课堂观察．北京：教育科学出版社，2012.

② 贝蒂．幼儿发展的观察与评价：第 7 版．郑福明，费广洪，译．北京：高等教育出版社，2011.

径直走向教室角落里的一张桌子坐下，把一个走过来想和他一起玩的小朋友推开，而当老师建议他去参加另一项游戏的时候，他也摇头拒绝了。针对上述情境，观察者该如何进行叙述性描述呢？

（1）错误示例：

> 毛毛今天早上脾气很不好，似乎对什么都不满。他对老师不理不睬，同学找他玩，他也不闻不问。

该段描述过于主观和笼统。观察者使用了“脾气很不好”的表达，该表达缺乏足够的证据。观察者应详细记录毛毛的行为举止，尽量避免使用判断性的词句或推论，重要的是记录下发生的事实。

（2）正确示例：

> 毛毛今天早上嘟着嘴巴，径直走进了教室。老师和他打招呼时，他低头不语，一声不吭。他垂着肩，走向教室角落里的一张桌子，一屁股坐了下来。豆豆过来想找他一起玩，却被他一把推开。老师走过来，问他是否愿意一起玩过家家游戏，他摇头表示不想去。

我们注意到上述这段记录则较为注重描述幼儿行为的事实，没有对行为进行主观的概括和下意识的推论。与错误示例相比，正确示例中包含的被遗漏的事实如下：

- 嘟着嘴巴；
- 老师和他打招呼；
- 垂着肩；
- 一屁股坐了下来；
- 老师问他是否愿意一起玩过家家游戏，他摇头表示不想去。

（二）叙述性描述的优缺点

叙述性记录是基于事实性材料的记录，观察者要重在描述，为推论和解释提供实际证据。对于研究幼儿行为发展的观察者而言，叙述性描述具有以下优点：

- 在自然的条件下，记录是开放式的，记录内容丰富、完整、全面，可以捕捉到所有行为和情景；
- 持久性，可以长时间跟踪了解幼儿行为的发展和变化；
- 适用性很强，不需要专业术语和专门技巧；
- 是在现场发生时记录的，这比事后记录更为精确。

但是，这种方法同样也有一些缺点，需要引起观察者的注意：

- 耗费观察者大量时间和精力；
- 要记录大量细节，对观察者的能力要求较高；
- 适用于观察一个幼儿，但不太适用于观察一组幼儿。

二、轶事记录法

与将幼儿在一段时间内所有行为都记录下来的叙述性描述不同，轶事记录法仅记录观察者选择的情境中出现的重要的或典型的行为。所谓轶事记录法是指观察者用简洁的语言对幼儿的特定事件进行客观和具体的描述。描述的内容包括事情是如何发生的以及幼儿的言行表现。这些表现可能与之后的某些重要结果有所关联。该方法关注幼儿的典型行为，也包括不太出现的、能体现幼儿个性特征的行为。尽管轶事记录法要求观察者采用简洁的语言对幼儿的行为进行描述，通常每次只记录一件事情，但这种方法记录的信息积少成多就能够为幼儿教师提供丰富的信息。可见，轶事记录法是教师了解和分析幼儿成长的重要工具。如果教师能够经常使用和参阅轶事记录的材料，就能有效地发现幼儿在某一特定领域的发展存在的问题。

（一）轶事记录法的运用

第一，在内容上，轶事记录法侧重于记录事实，强调描述性。轶事记录的内容还是要以详细与客观为标准，可以以六个“W”为要素，包括 who、why、what、when、where、how，即观察对象、行为动机、目标行为、发生时间、发生地点以及发生过程。第二，在结构上，轶事记录可划分为事件描述和评论两个部分。观察者可将每页记录表划分为若干部分，如表 2-2 所示，轶事记录表的一部分用于详细记录事件发生的细节，一部分则用于记录观察者对该事件的评述和解释。第三，在描述语言的使用上，轶事记录法采用的是直接引语，用于描述目标幼儿与其他参与者的对话。第四，在操作时间上，轶事记录采取事后记录，因此记录的内容在很大程度上取决于观察者的记忆，对事件细节的记录效果通常较差。第五，值得注意的是，由于轶事记录法是针对目标幼儿特定发展领域的记录，因此有必要在记录中预留地方用于填写观察目标，以便后续查阅和追踪研究。

表 2-2　幼儿行为轶事记录表案例

轶事记录表		
幼儿姓名：甜甜	年龄：5	日期：4 月 21 日
观察者：张老师	地点：教室自然角	时间：9：30—10：00
观察目标：在一日生活中的社会性发展		

续表

事件记录： 教室里的自然角迎来了新生命——小蝌蚪，甜甜发现后就告诉小童："有这么多小蝌蚪呀，一、二、三、四、五，数也数不清。快看，它们游泳时，尾巴是一扭一扭的。"她边说边学小蝌蚪的样子扭动着自己的身体。突然，小强走过来说："这是我的小蝌蚪，我要拿到我自己那里去照顾。"说完他就拿起盖子把盒子盖上了。甜甜说："你不能盖上，小蝌蚪没有氧气就会被闷死的。"小童听后立马动手拿掉了盖子，这时其他幼儿也一起走过来观察、讨论着小蝌蚪。甜甜说："我们可以把小蝌蚪放到花园的池塘里边，这样它就可以和好朋友们一起自由自在地扭着尾巴游泳了。"小朋友们一致同意甜甜的这一想法。
行为解读： 甜甜发现了自然角中的小蝌蚪后，能与其他小朋友一起分享、观察、讨论，她喜欢接触新事物，愿意与大家分享自己感兴趣的事。甜甜观察能力极强，能够发现小蝌蚪游起来一扭一扭的特征，对于自然科学有一定的知识积累，知道小蝌蚪的生长离不开水和氧气。此外，在对小蝌蚪的观察过程中，甜甜也表现出了对生命的尊重。

（二）轶事记录法的优缺点

幼儿教师采用轶事记录法时，可以与事件发生时拍摄的照片同时使用。两者结合能够为教师事后分析幼儿的发展提供丰富的文字和视觉信息。总体来看，该方法具有如下优点：

- 观察者不需要经过特别的专业训练；
- 观察是开放的，但观察者可以聚焦及记录目标行为，不需要关注其他内容；
- 若有意外事件发生，观察者也可以记录下来，意外事件通常在发生后一段时间记录。

但在采用该方法进行记录时，观察者需要了解轶事记录法的局限性，尤其要牢记观察的目的和观察的内容。轶事记录法的主要缺点包括：

- 该方法只记录观察者感兴趣的幼儿发展主题内容，不记录事件的全貌；
- 该方法是事后记录，因而记录的内容在很大程度上取决于观察者的记忆，对事件细节的记录效果通常较差；
- 所记录的事件在脱离发生情境的情况下，容易引起误读和偏见；
- 记录不宜进行编码和分析，因此不适用于量化研究。

三、日记描述法

日记描述法，又被称为幼儿传记法，即对同一个或同一组幼儿进行长期跟踪和反复观察，以日记的形式描述性地记录幼儿的行为表现。该方法的总目标是把握幼儿在一段时间内的发展进程，关注幼儿表现出的某个特定发展领域的新行为（认知、语言、情感、社会性等)。1774 年，裴斯泰洛齐首创了“宝宝记录法”来记录婴儿的行为，后来此种方法被称为“日记法”，这也是研究幼儿发展最早采用的一种方法。

日记描述法的特征是观察者需要在一段时间内与目标幼儿保持接触，对其进行长期的跟踪观察，也称为纵向记录。其核心是以日记的方式记录幼儿的行为表现。从内容和结构上划分，日记描述法一般可分为以下两种类型：

- 综合式日记法。记录幼儿各方面发展的大致情况，尤其是发展过程中具有里程碑意义的、新出现的动作或行为现象。
- 主题日记法。记录幼儿语言、认知、社会情绪等特定方面的新进展。

(一) 日记描述法的运用

1. 综合式日记法

该方法是观察者用于每天记录幼儿各项发展领域的非正式观察法。因此，综合式日记的内容涵盖范围较广，包括在既定时间内发生行为的情境以及顺序。记录者要注意幼儿行为之间的关联性和顺序。尤其重要的是，观察者需要对比前后记录发现幼儿出现的新行为。

从表 2-3 所示的日记记录中，我们可以发现幼儿琪琪在哪些发展领域的新行为和新进展呢？在示例中，这位母亲用日记描述法记录了女儿的语言发展、情绪发展和动作发展的情况，让我们了解了该幼儿的发展概况，同时我们也注意到在日记描述中需要特别注意记录下观察对象的年龄、观察时间、观察地点、观察对象所处的环境。在观察记录幼儿的行为时，观察者需关注他们的表情，如皱眉或微笑。

表 2-3 综合式日记法案例

观察对象：琪琪	性别：女	出生年月：2019 年 6 月 24 日
观察时间：2020 年 4 月 28 日		地点：浴室
日记记录： 今天晚上给琪琪洗澡的时候拿出了玩具小鸭子给她玩。因为怕她放在嘴里吃，所以把小鸭子放在她的两条腿之间。琪琪双手拍打着水花，看着小鸭子笑嘻嘻的，她俯身很想把小鸭子拿到手，但是没有成功，嘴里也发出“啊啊”的叫声。过了一会儿琪琪把脚交叉起来，这样小鸭子顺着水波，就慢慢地往前了，只见琪琪拿到小鸭子后立刻兴奋地捏了捏。我又把小鸭子放远了一些，但是琪琪又成功地用这个方法拿到了小鸭子。		

2. 主题日记法

该方法聚焦幼儿某一特定发展领域出现的新行为。这种方法可以一次性同时记录若干个幼儿的资料，也可以一次性记录若干个活动区中幼儿特定领域的发展信息。一些学前教育机构提供专门用于记录幼儿发展的日记本，其中将记录栏根据内容分为语言、认知、情感、身体等几个部分，这样有助于提醒教师在不同活动区需要重点关注和记录的内容。经过一段时间的积累，教师能够了解哪个活动区、哪种活动对幼儿特定领域的发展最具影响，进而对教学活动进行调整。

（二）日记描述法的优缺点

日记描述法仅记录幼儿的新行为以增进教师对发展中幼儿的了解，因此该方法是具有选择性的。使用日记描述法时，必须判断所记录的行为是不是新行为，是否属于研究主题范围。该方法的优点在于为教师提供大量丰富、永久性的记录，为个案研究提供可追踪的数据。但其局限性在于：

- 教师无法保证长时间持续地与目标幼儿进行接触，因而大部分描述需要由幼儿的亲属完成；
- 观察的结论具有针对性和偏向性，不具有代表性和推广性。

四、叙述法的记录方式

叙述法的记录方式比较单一，即运用客观、详细的描述性语言来记录观察对象的所有行为。在记录的过程中，观察者要充分描述行为发生的情境、具体的行为以及行为发生时其他在场人员的活动。幼儿的行为往往会受到环境因素的影响，因此，对环境的描述也不能过于简单甚至省略。另外，观察者需特别注意所运用的语言文字的客观性，避免主观臆断和对观察对象所持有的偏见。准确、翔实的记录能够在很大程度上协助教师进行专业判断和做出教学决策，这也是叙述法的优势。在今后很长一段时间内，观察者本人或者其他研究者都可以从详细的行为描述中了解行为发生时的场景，这对于追踪幼儿的发展或者记录幼儿发展的过程具有重要价值。

第二节　取样法

取样法只适用于经常发生或出现的行为，平均来说，至少要每 5 分钟出现一次。如果观察者对这点不能确定，就必须首先深入实际进行初步的观察，以确定所要研究的幼儿行为或事件是否经常发生或出现，以及影响这些行为出现或发生的个人的或情境的因素。

与叙述法不同，取样法是正式的、结构性观察，仅适用于易于观察的幼儿外显行为，而不适用于观察幼儿的内隐行为，如思维、想象等。取样法根据时间维度或事件样本可分为时间取样和事件取样两类。这两种方法的共同点是聚焦幼儿某些行为的样本，在确定的时间内，观察预先确定的目标行为，记录行为出现与否、发生的频率以及持续的时间等。

一、时间取样法

时间取样法是在一个较短的固定时段内，观察目标幼儿或一组幼儿的某一特定行为并记录该行为是否出现的一种记录方法。所选择的行为必须是外显的、经常出现的（至少5分钟出现一次）。例如，教师可以选择采用时间取样法观察记录幼儿“争吵”或“助人”的行为。这些行为不仅易于观察而且还可以量化，而诸如“问题解决”“推理”这些高层次的思维能力则不太适合采用时间取样法，因为这些行为不容易观察且很难量化。

（一）时间取样法的运用

观察者在确定采用时间取样法进行记录之前，需要根据研究主题，明确观察目标，即明确要观察幼儿哪些或哪种行为，并事先将观察目标进行分类和细化，对细化的行为类别进行操作性定义。清晰、准确的操作性定义可以帮助观察者使用同一种标准来观察和记录，保障观察的信度和效度，同时，也有利于后期对行为的解读与分析。在进行行为分类的过程中，要考虑行为间的互斥原则，类别数量也不宜过多、过细，或者过于笼统。对行为进行分类后，观察者还需要对各个类别进行操作性定义，即对行为类别进行界定，明确该类别的范畴和具体的意义，且用具体、可操作的方式进行呈现。值得注意的是，幼儿园教师一般在开展行为分类和进行操作性定义之前，可以进行预观察，并对预观察的结果进行分析，然后再确定行为类别和定义。下面以在结构游戏中观察幼儿的合作行为为例来介绍行为类别和操作性定义：

合作行为的四个类别及操作性定义：

意向性协同：在一个游戏情境中几个幼儿在一起玩，或者各自摆弄游戏材料。

自发性协同：幼儿之间为了解决某些事情相互有语言交流，但最终还是没有具体的合作行动。

适应性协同：幼儿能通过商量确定合作的计划，能相互配合按照计划进行游戏，能够基本完成共同的目标。

组织化协同：幼儿为了完成共同的目标出现明确的分工合作，在合作的过程中个人能服从组织的安排来行动；幼儿之间互动较多且能根据实际情况不断做出相适应的行为。

此外，观察者还要明确观察的时间间隔以及采用何种方法记录所要观察的行为，包括采用编码体系或幼儿行为检核表等。依据时间间隔的不同可以分为规律性时间取样和随机性时间取样。规律性时间取样是指设定固定的时间间隔，比如以 20 秒观察、20 秒记录为规律，连续观察、记录 1 个小时。随机性时间取样是指随机选取观察时段，比如在 1 个小时内，随机选取某 1 分钟来观察目标行为，每天的观察次数可以不一致。

1. 预观察

预观察可以明确行为的代表性。通过预观察，教师需要：

- 明确目标幼儿特定行为出现的时间、时间间隔、持续时长和频次；
- 筛选出具有代表性的或典型性的行为，排除研究计划中原有的但在实际场景中无法观察到的行为；
- 根据预观察的结果，抽取目标幼儿特定行为出现频次最高的时间段进行正式观察；
- 尝试不同的记录方法，寻找出最能快速、有效记录丰富信息的编码系统。

2. 时间取样的操作过程

教师根据目标行为出现的时间间隔、长短和分布灵活地调整记录任务。以 3 分钟为一个时间间隔为例，可先观察 1 分钟，只标注行为是否出现，接下来的 1 分钟对幼儿的行为及发生情境进行简要的叙述性描述，最后 1 分钟作为间歇，如此反复。

如果要同时观察一组幼儿则需要制定轮流观察的方案。比如：观察者如何对班级中的 3 名幼儿进行时间抽样，以观察幼儿在游戏中的合作行为？观察者可考虑对每名幼儿观察 3 分钟。在第一个 3 分钟内采用事先的编码（符号）做记录，并配以简单的文字描述。接着以同样方式记录其他两名幼儿的行为。观察完一轮后，再重新从第一个幼儿开始，进行第二轮观察，直至游戏结束。

3. 时间取样法的记录：叙述与代码的综合运用

以对 3 名幼儿的观察为例，时间取样法的运用如表 2-4 所示。

教师根据预观察准备采用如下代码进行记录（见表 2-5）：

E＝吃点心；

T-CH（1）——老师与一个幼儿互动；

T-CH（ALL）——老师对全体说、示范；

SR＝独自看书；

3R＝三个人一起看书；

SP＝独自游戏；

PP＝平行游戏；

Pair-P＝互动游戏。

表 2-4 时间取样法示例

观察日期：2015 年 4 月 21 日 开始时间：上午 9：50 结束时间：上午 10：10 观察人员：观察者和教师，共计 2 人 幼儿：6 名（5 名幼儿坐在一张大桌子边，小蕾坐在另一张桌子边） 目标幼儿：小圆（Y）男　年龄：4 岁 11 个月（上过托班和小班） 小飞（F）男　年龄：5 岁 5 个月（上过托班和小班） 小蕾（L）男　年龄：5 岁 4 个月（上过托班和小班） 观察方法：时间取样法 观察目的：在吃点心和自由玩耍时间，3 名幼儿有哪些活动内容 观察目标： 1. 自我管理能力：是否能主动、及时去吃点心？ 2. 阅读习惯：是否能集中注意力看书，不看书时做什么？是否能独自看书？ 情境描述： 班级里吃点心、看书时间到了。老师在门口准备了 8 个点心牌子。在吃点心之前，幼儿需要带好牌子。吃好点心后，再把牌子放回原处。其他幼儿则自己看书，当看到多余的吃点心的牌子后，就可以带牌子去吃点心。

表 2-5 叙述与代码综合运用案例

时间	活动	代码	情境描述
9:50—9:51	Y 拿好一本书，站在座位旁边，握着书当方向盘模仿开车，玩了一会儿	Y-SP	老师让大家开始吃点心，取书。老师有事出去一会儿。现在教室里只有保育员和观察者
9:52—9:53	Y 坐下看“喜羊羊”的书，一页页翻	Y-SR	同桌有 3 个幼儿也坐下来看书
9:54—9:56	F 在看书	F-SR	
9:57—9:58	L 和 F 与另外一个小朋友小佳一起走迷宫，Y 独自看书	L-Pair-P Y-SR	
9:59	L 和 F 与另外一个小朋友小佳一起看“喜羊羊”的书，但很快 L 和 F 便凑到 Y 这里一起看书	L-3R	
10:00	Y 一页页翻书，看得很认真，L 和 F 也趴在一旁和 Y 一起看书	Y-3R	
10:01	生活老师走到 Y 身边，提醒 Y 吃点心，Y 起身拿点心牌子	Y：T-CH（1）	
10:02	Y 吃点心	Y-E	
10:03	L 跳着冲向 F，F 跳着说：“L，L，大屁股!”重复说了 4 遍	F-PP	教室里的声音越来越响了
10:04	F 向上抛了两次书，边抛边说：“快看我。”	F-PP	

续表

时间	活动	代码	情境描述
10:05	F扔了几次，又拍了下L的头，然后跑开了。两人咬着书，把书咬出一张嘴巴的形状	F-PP	
10:06—10:08	L吃点心	L-E	
10:09	小钱跳了几下，Y跟着小钱跳了几下。旁边陆续有3个小朋友也跳了起来	Y-Pair-P	
10:10	主班老师推门进教室了，F和Y赶紧就近找了个位子坐下。老师开始放音乐，让大家收起书。吃点心和看书的时间结束了	T-CH（ALL）	主班老师进教室后，教室里很快安静下来

（二）时间取样法的优缺点

时间取样法是一种高效的观察工具，与轶事记录法相比，该方法耗时耗力少且在一段时间内可获取丰富的量化数据。具体来说有以下优点：

- 所观察的行为较为具体、客观且可控制；
- 可同时收集多名幼儿或几种特定行为的数据；
- 能提供行为发生频次和间隔信息；
- 能提供可用于统计分析的定量数据。

但是，由于时间取样法是一种非开放的、结构化程度较高的记录法，因此可能会忽略一些重要的行为，其缺陷主要表现在：

- 侧重行为发生的时间和频率，缺乏对行为及其发生的原因和结果的描述；
- 行为记录脱离情境；
- 仅限于对较常见的外显行为的观察。

二、事件取样法

事件取样法是观察者等待某种预先设定的行为出现后，对其进行观察记录的方法。该方法特别适用于研究什么因素诱发了某种特定的行为，通常指幼儿出现的不良行为，例如咬人等攻击性行为。通过该方法教师就能找到有效控制该行为的干预策略。事件取样法注重观察某些特定行为或事件的完整过程，从被观察者众多的行为中，选出与研究目的直接联系的行为进行观察，记录其发生和变化的过程。事件取样法也是可运用于观察连续行为的记录方法，一般聚焦行为的频次、持续时间、前因后果以及重要性等方面。

(一) 事件取样法的运用

在具体操作上，观察者需要区分时间取样法和事件取样法的不同取样方式。事件取样法以事件发生始末为观察范围，从事件一开始就进行记录，直至结束。

1. 确定所要观察的特定行为或事件

明确目标行为并进行操作性定义，以便当事件或行为发生时，观察者能及时、迅速地辨认并记录下来。以观察学前儿童在幼儿园中的亲社会行为为例。经查阅文献，观察者可将幼儿的亲社会行为确定为帮助、分享、合作、安慰四种类型①。观察者通过记录幼儿亲社会行为的整个过程，确定其行为所属的亲社会行为的类型。

2. 制定观察细则

确定观察的时间或地点。在不同时间、不同地点研究同一行为可能会得出不同的结论，因此，确定有代表性的时间、地点是十分重要的。正式观察为期两周（有效观察时间为 10 天)。每天观察时间是从上午 8：00 到下午幼儿离园，观察范围是根据上述操作性定义所确定的幼儿在园的全部亲社会行为。

3. 预观察

确定亲社会行为的观察记录维度，编制观察记录表后入园进行预观察。预观察的目的是确定目标事件是否出现及出现频率，正式观察时，可采用事先设计的观察表格和代码进行编码和叙述性描述。

4. 事件的记录

以观察一名幼儿的攻击性行为为例，观察者在小班教室的环境下记录童童全天的行为。对每一事件的记录分为事件发生过程、事件发生前和事件发生后三部分进行，如表 2－6 所示。

表 2－6　幼儿攻击性行为事件抽样记录表

时间	事件	之前发生的事情	在场的人	之后发生的事情	评论
9:00	童童霸占玩具，花花也想玩，双方争抢了起来	童童快速跑到玩具旁，拿起玩具自己玩，不愿分享	花花、童童以及老师	童童一边喊、一边动手打了花花的后背，花花大叫起来，老师进行干预，希望童童可以与同伴共同使用玩具	童童应该与同伴一起商量分配公共玩具，而不是动手打同伴

① 赵章留，寇彧．儿童四种典型亲社会行为发展的特点．心理发展与教育，2006，22（1)：117－121.

续表

时间	事件	之前发生的事情	在场的人	之后发生的事情	评论
9:05	前一事件再度发生	童童继续独自霸占玩具玩	童童、花花和老师	花花叫老师来干预，童童换位子单独坐	老师再次提醒童童，要与同伴商量，共享玩具
11:05	花花从背后推了童童，童童摔倒了	幼儿们都在去食堂吃饭的路上	所有幼儿都在走路，老师在一旁跟随	童童爬起来，推开花花。花花大叫，老师出来干预	童童并非此次事件的责任者
13:00	童童午睡时，一直朝着花花说脏话	幼儿们脱下外套准备午睡	所有幼儿、老师	几名幼儿似乎被影响到，对着童童做“嘘”的手势。老师干预，给童童换了单独的床位	童童需要学会用一种别人能接受的方式来表达自己，也需要学会如何与同伴交往与相处

（二）事件取样法的优缺点

采用事件取样法进行观察，既可以事先对所观察的行为进行分类，然后在观察中根据所确定的事件是否发生、有哪些特征等进行记录，也可以采用叙述性描述记录所观察到的信息，因而比较自由、灵活。该方法的优势主要体现在如下两个方面：

- 保持事件或行为的完整性，有利于事后分析；
- 特别适用于分析较少或极少出现的行为。

与时间取样法一样，事件取样法属于结构性观察方法，其局限性在于过于注重事件或行为出现的频率和强度，忽视对其背后因素的揭示。主要局限如下：

- 事件的记录与事件发生的背景脱离，会忽略对于事件的发生有重要影响的因素；
- 一种封闭式的方法，只关注特定的行为而忽视其他一些重要行为。

三、取样法的记录方式

取样法的记录方式比较多元，常用的记录方式包括叙述性记录、符号记录、频次记录以及图示记录等。

（一）叙述性记录

无论是时间取样法，还是事件取样法，都可以用叙述性的方式进行记录。观察者可以在取样方案确定后，对目标行为进行文字描述，并保留较为完整与丰富的行为信息。例如，有教师想了解幼儿自主游戏的情况，可以通过时间取样，以叙述性记录的方式来了解幼儿的行为特点，如表 2-7 所示。

表 2-7　叙述性记录案例

观察者：苏老师 被观察幼儿姓名：钱钱 幼儿年龄：4 岁（小班第一学期） 幼儿性别：女 观察情境：户外游戏、沙水区 观察日期：2022 年 10 月 25 日 简要描述观察地点的物理环境和人文环境： 今天钱钱在户外沙水区进行自主游戏，在场的几个孩子都在尝试将大水桶里的水盛上来，钱钱也加入其中。
观察记录（时间：10:05—10:20）： 自主游戏时，钱钱小朋友手拿着小水壶想要去绿色的水桶里盛水，但是桶里的水剩得不多了，钱钱盛了几次后发现直接用水壶去盛水盛不上来多少了，一边盛她一边在说："没水了！"但刚说完她就走到拿取材料的地方，找到一把小铲子，又尝试用小铲子去舀桶里的水，但是因为铲子的形状，舀到的水都流光了，钱钱小朋友尝试了多次后对身边的安安说："你们可以帮帮我吗？"只见旁边的安安主动把自己手中的工具递给了钱钱，钱钱成功舀到了水桶里的水，并倒到了自己的小水壶里。 行为解读： 钱钱在自主游戏过程中独立思考能力比较突出，用已有经验来解决问题，例如她尝试用不同工具来舀水。同时钱钱拥有同伴交往的技能，在遇到困难时与同伴合作共同完成，对其社会性的发展有很大帮助。

（二）符号记录

所谓符号记录方式，就是当目标行为出现的时候，观察者就运用事先设计好的符号进行记录，目标行为以外的行为或事件不列入记录的范围，不予以关注。符号记录方式十分便捷，也便于统计行为发生的次数。但观察者必须事先设计好符号或者代码来表示目标行为，符号或代码一般会比较清晰地在观察表格内呈现，这样做既可以提醒观察者，也可以令其他需要使用观察记录的人一目了然，如表 2-8 所示。

表 2-8　符号记录案例

告状原因：
A＝肢体冲突　B＝物品争夺　C＝欺辱他人……
告状发生时间：
a＝晨光活动　b＝自由活动　c＝小组活动　d＝团体活动　e＝角落活动

日期	第一次 告状原因/ 发生时间	第二次 告状原因/ 发生时间	第三次 告状原因/ 发生时间	第四次 告状原因/ 发生时间	告状原因 小计	告状时间 小计
5 月 5 日	B/e	/	/	/	A：0 次 B：1 次 C：0 次 小计 1 次	a：0 次 b：0 次 c：0 次 d：0 次 e：1 次 小计 1 次

续表

日期	第一次 告状原因/ 发生时间	第二次 告状原因/ 发生时间	第三次 告状原因/ 发生时间	第四次 告状原因/ 发生时间	告状原因 小计	告状时间 小计
5月 6日	A/a	C/a	B/c	B/b	A：1次 B：2次 C：1次 小计4次	a：2次 b：1次 c：1次 d：0次 e：0次 小计4次
5月 7日	A/a	B/d	C/d	/	A：1次 B：1次 C：1次 小计3次	a：1次 b：0次 c：0次 d：2次 e：0次 小计3次
					共8次	共8次

（三）频次记录

所谓频次记录，也被称为事件计数，就是记录单位时间内目标行为发生的次数。此种记录方式虽然无法详细地保留原始数据，但能够提供较好的量化资料，可通过统计的方式来呈现各种被观察行为出现的次数。例如，教师想了解幼儿在一日活动中冲突行为的发生情况，就可根据频次记录表开展观察，并统计观察结果（见表2-9和图2-1）。

表2-9　一日生活各环节幼儿冲突行为频次记录案例

冲突发生时间	冲突原因			
	肢体冲突	物品争夺	欺负他人	告状原因小计
角落活动		√		1
晨光活动	√√		√	3
小组活动		√		1
自由活动		√		1
团体活动		√	√	2
次数统计	2	4	2	8

（四）图示记录

图示记录主要用于记录幼儿在教室里的行动轨迹或者其他类似于行动轨迹的观察任务。该记录方式的最大特点是比较便捷，对于观察者来讲，无须进行大量的文字记录，只需要在观察记录纸上画一画。但此记录方法的弊端也很明显，即丢失了大量的原始信息，只能看到观察对象去过哪些区域，但其具体的行为无从得知（见图2-2）。

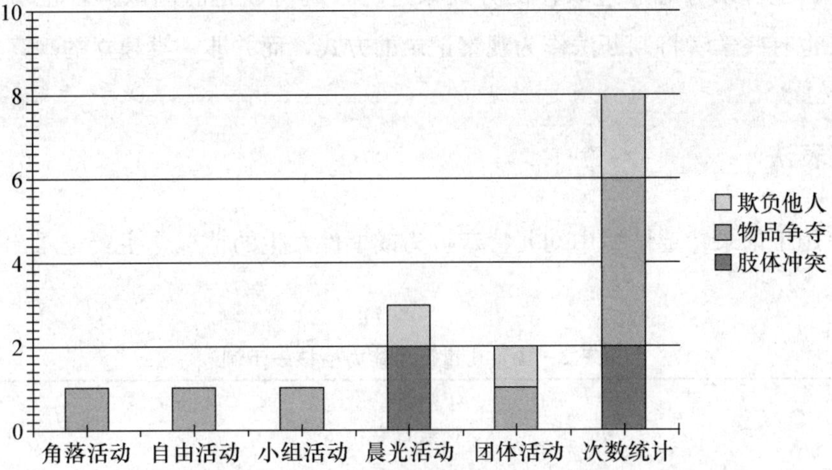

图 2-1　幼儿冲突行为频次统计图

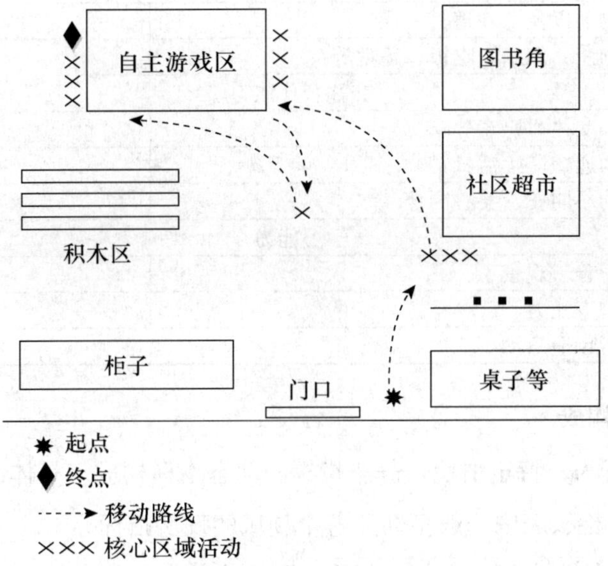

图 2-2　图示记录案例

第三节　判断法

在观察中采用判断法是指观察者事先将事件或行为特征按一定的顺序排列形成表格。观察者在观察或回顾所观察的内容时，要注明有关事件或行为是否出现及有关特征出现的程度。其中，适用于注明事件或行为是否出现的是检核表法，若需判断事件或行为有关特征出现的程度可采用等级评定法。特别值得注意的是，观察者在选择检核表和进行等级评定的过程中，也可以考虑通过取样的方式来进行，既可以是时间取样，也可以是事件取样。因此，也有些学者将判断法作为观察记录的方式，而并非一类独立的观察方法。

一、检核表法

检核表用于记录特定情境中幼儿特定行为或事件发生的情况，主要记录出现与否（见表2－10）。

表2－10　儿童行为能力检核表示例

幼儿姓名： 观察地点： 观察者：	年龄： 观察日期：	
幼儿能够达成的目标	是	否
生活自理能力		
能够动手整理自己的物品以及游戏道具		
能够自己系鞋带、上厕所、倒水、吃饭、睡觉等		
交往合作能力		
乐于与其他孩子合作、交往，愿意分享		
愿意与老师打招呼、沟通交流生活日常		
能够主动帮助有困难的小朋友、关心同伴		
学习能力		
对周围的环境感兴趣、善于观察		
课堂中能够保持良好的专注力		
在日常活动中能够进行创造活动		

（一）检核表的构成

检核表由特定行为、特定情境、静态指标和动态指标构成。具体内容如下：

- 特定行为：在检核表中一般指幼儿各个领域的发展指标；
- 特定情境：检核表中至少有一些行为会发生在特定的场景中；
- 静态指标：相对稳定的情境特征或幼儿特征，比如年龄、性别、物理环境、时间等；
- 动态指标：具体行为。

（二）检核表的设计

检核表需要高度结构化，事先要清楚地界定在行为发生的情境中观察哪些项目。检核表封闭性较强、高度结构化，这要求观察者采用符号说明特定行为是否发生。在观察之前需要选择和界定所要记录的行为选项。因而，观察者必须事先确定预计出现的行为是否符合操作性定义。

（三）检核表的优缺点

检核表的优势在于特别适用于同时观察多个幼儿的不同行为的情况，所观察的行为易于归入特定类别并与其他类别相互区分，观察者感兴趣的行为很容易被观察到。该方法通常可以结合其他方法一并使用，为观察者提供丰富的量化数据。但其局限性在于工具高度结构化和封闭，因而所获得的信息仅是行为的片段，缺乏行为的质性材料。

二、等级评定法

等级评定法是表明个体具备某种特征或行为的程度的观察工具。该方法的原理是对某个幼儿的某种特定行为或某个幼儿具有的特征的程度进行赋值，记录幼儿在特定技能、能力等方面的相对程度。

（一）等级评定法的主要量表类型

常用的等级评定量表以数字等级和程度等级为主。程度等级也是以数字（一定顺序的数字）形式确定目标行为的程度。例如，测量幼儿在运动中的表现，可以使用如表 2-11 所示的等级评定表。数值越大则代表幼儿参与社会性游戏活动的表现越积极。

表 2-11　幼儿运动项目等级评定表

项目	非常好（5分）	很好（4分）	一般（3分）	不好（2分）	很不好（1分）
跳绳					
拍皮球					
走轮胎					

（二）等级评定量表的适用范围

等级评定量表被广泛地运用于对观察对象的心理、态度和意愿等方面的评估，其主要特点是可将评估对象或内容分为具体的层面。尤其是在幼儿社会性、社会情绪发展状况方面，观察者可运用该种方法对幼儿非认知技能发展的程度进行描述和判断。

（三）等级评定量表的优缺点

等级评定量表设计简单、使用方便且与其他观察记录法相比在评分和量化方面较为简便易行。但作为一种封闭式的观察记录法，每次评定仅关注目标幼儿的心理或情绪特征，可能会忽视其他重要的行为表现。在评定尺度上，很难客观、准确地对尺度上的每一刻度的差异进行精确的判断，例如，较满意和非常满意之间的区隔。该方法的另一个较为突出的局限是当需要观察者对很多幼儿的特性进行评定且要很快做出判断的情况下，很难避免观察者的主观影响。因此，建议在使用等级评定量表的同时结合其他观察记录方法。

拓展练习

做一做

通过阅读教材和查阅资料总结一下不同观察方法的优缺点和适用情境。

想一想

1. 是否理解了以下内容？

（1）各种观察方法的含义。

（2）各种观察方法的优缺点。

2. 是否掌握了以下内容？

（1）不同观察方法的分类。

（2）各种观察方法的观察步骤。

3. 是否能综合运用以下内容？

（1）选择一种或几种合适的方法观察幼儿的某种行为。

（2）运用相关的儿童发展理论解释观察到的幼儿行为。

试一试

通过观看与幼儿行为相关的网络视频或者到幼儿园观察幼儿的行为，写观察记录，并进行分析，提出教学建议。

第三章

幼儿发展的观察

本章导航

幼儿身体动作发展的观察

幼儿认知发展的观察

幼儿语言发展的观察

幼儿社会情绪能力发展的观察

幼儿艺术领域发展的观察

幼儿的发展是一个整体系统，因此幼儿的外显行为表现反映了其各领域的发展状态。为了更好地认识幼儿的行为，以及更好地对其生理、心理和行为进行研究，贝克将幼儿的发展划分为身体动作发展、认知发展和情感社会性的发展三个方面①。对幼儿的这些领域的观察与分析，将使我们更加深入地了解幼儿身心发展和成长的特点与规律，更好地诠释幼儿行为背后的生理和心理机制，也将为幼儿教师和家长的教育与教养实践提供必要的支持。幼儿语言的发展相对独立，对幼儿整体的发展也至关重要，因此，本书将幼儿语言的发展与幼儿认知发展分开进行分析，并增加了对幼儿艺术领域发展的观察。

① 贝克．儿童发展：第5版．吴颖，等译．南京：江苏教育出版社，2002.

第一节　幼儿身体动作发展的观察

幼儿身体动作的发展包括幼儿的身体发育和运动能力的发展，这也是幼儿成长过程中最引人注目、最容易测量和观察的方面。身体发育主要包括躯体的大小、躯体系统的机能、身体健康的变化等。运动能力的发展主要是指幼儿大肌肉动作、小肌肉动作和手眼协调能力的发展等。身体动作的发展对幼儿来说至关重要，学前阶段是幼儿生长发育的黄金时期，这个时期的生长发育情况也能够很好地预测幼儿以后的成长。同时这些特征也是父母最为关心的，他们会自豪地告诉别人孩子在身高、体重，以及孩子在走、跑、操作物体等方面能力的进步。我们做任何动作在一定意义上都涉及身体的运动，幼儿尤其是这样，他们大多数的游戏、活动都是通过身体的运动完成的。因此幼儿身体运动的发展情况能够在各种活动中体现出来，同时也制约着幼儿活动的表现。

一、身体动作发展的观察要点

（一）身体发育情况的观察要点

幼儿的身体发育的观察主要包括四个方面：

第一，健康的体态，例如：是否有良好的站姿、坐姿、走路和跑步姿势？他有双肩佝偻吗？他高高地昂着头还是低着头走路？是否有适宜的身高和体重？

第二，具有一定的适应能力，例如：能在较热或者较冷的天气坚持户外活动半小时或以上；天气变化或季节交替时较少生病，外出能逐步承受环境、交通工具等带来的身体不适。

第三，具有基本的生活自理能力和良好的生活与卫生习惯，例如：是否每天能按时起床和午睡，保持 11 小时左右的睡眠时间；进食时能细嚼慢咽；能主动喝白开水；能每天早晚坚持刷牙，饭前便后主动洗手，刷牙、洗手的方法正确。

第四，具有自我保护能力，例如：当他人触碰自己身体的隐私部位时，知道逃避和求助；运动和游戏时不给他人造成危险；运动中知道自我调节运动量，注意休息和放松；知道在走失或遇到紧急情况时向警察等提供家人的联系电话、家庭住址等，有自我保护的办法；主动保护眼睛，会运用保护眼睛的方法；知道火灾、地震等灾害发生时的一些基本逃生方法；能识别危险，并告诉家长或教师。

（二）大肌肉运动能力的观察要点

大肌肉运动涉及儿童全身的大肌肉，由大肌肉控制的运动一般强度大、幅度大，如攀爬、奔跑、行走、跳跃、投掷等。幼儿从出生之后大动作技能就开始逐步发展，到了 3 岁以后，他们已经具备多种大动作技能。对其大肌肉运动能力的观察主要包括以下几个方面：

1. 对运动感兴趣

幼儿对运动感兴趣，愿意参与运动才是其动作发展的关键。例如：能用自己喜欢的运动器械和材料锻炼身体；乐于尝试不同的运动器械和材料，开展不同的身体动作，锻炼身体各部位等。

2. 能够进行不同运动行为的能力

虽然幼儿的个体差异性很大，但是大多数幼儿能够完成多种不同的动作行为。例如：有的幼儿会奔跑、跳跃、单脚跳、攀爬、翻筋斗、侧翻；有的幼儿的运动行为只限于基本的运动技能，如走和奔跑；有的幼儿则会表现出由这些基本技能演变的多种形式的技能，例如，向一侧走或跑。

3. 具有一定的平衡能力，动作协调、灵敏

幼儿走平衡木，沿着直线走，从一块石头跳到另一块石头上等行为，都是平衡活动。在记录幼儿的这些行为时，观察者应该表明幼儿在这些平衡活动中的具体平衡能力。比如：能在斜坡、荡桥和有一定间隔的物体上比较平稳地行走一段距离；能手脚并用、协调平稳地攀爬；能躲避朝自己滚来的球或扔来的沙包等移动物体；能在行进中连续拍球；能够连续跳绳多个。在观察时还要注意：他们完成这些平衡动作时的速度如何？他们能在没有外人帮助的情况下完成这些动作吗？和其他幼儿相比，他们的动作的完成程度如何？

4. 力量、耐力和速度

观察者可以通过让幼儿举起积木、让同伴坐在四轮车里互相拉车、与同伴摔跤等方式观察幼儿的力量水平。例如：幼儿一次可以举起多少块积木？在四轮车里一次可以拉几名幼儿？是否能双手抓杠，身体悬空下垂多少秒？能单手挥臂向前投掷沙包多少米？能单脚连续向前行进跳多远？能向指定方向跑多远？

耐力是指幼儿连续坚持活动的时间。比如：幼儿是否能够快速地从一项活动转移到另一项活动上，并且不会感到疲倦、走神？幼儿在远足活动中能连续步行多远？

幼儿的速度是指幼儿行走、奔跑、攀爬等的速度。观察者需要观察幼儿的运动是否协调、合拍，幼儿的运动速度与其协调性是否一致。

5. 进行有节奏运动的能力

幼儿能够跟着节奏感明显的音乐摆动身体吗？幼儿能够跟着音乐拍球吗？幼儿能够跟着音乐交替用单脚跳和双脚跳穿过房间并保持正确不变的动作吗？幼儿是否能够同时进行两项或两项以上的活动，且有一项活动是带有节奏感的？如边跟随音乐摆动身体边和小朋友聊天说话。观察者可以在类似于这样的有节奏感的活动中，观察幼儿的动作、幼儿对节奏感的感知、幼儿身体的协调能力等。

（三）小肌肉运动能力发展的观察要点

小肌肉运动能力主要是指身体运动时需要的小肌肉技能，也就是幼儿的精细动作能力，是从幼儿的大动作中分化出来的，精细动作的出现要晚于大动作。如从地上捡起小东西，使用筷子，握铅笔，系鞋带，扣纽扣等。

1. 涉及小肌肉技能的生活自理能力

幼儿的日常生活活动大都会运用到小肌肉技能，如吃饭、穿脱衣服、上厕所、扣纽扣、拉拉链、穿袜子、穿鞋子、系鞋带等。需要观察幼儿在吃饭的时候使用筷子、叉子还是勺子，拿餐具的手势，用餐具夹菜的准确性、稳定性，从大盘子里夹食物到小碟子里等。生活中的洗脸、洗手、刷牙、挤牙膏等也都涉及小肌肉动作。

2. 操作使用各类玩具、物体和工具的能力

幼儿园中有各种各样的丰富的活动材料供幼儿操作。例如：观察者可以观察幼儿是否能够熟练地拼搭和拆卸雪花片、拼图等游戏材料；幼儿在自主游戏区对各种各样的锤子、钳子、剪刀等工具的使用情况；幼儿在小班区角游戏中穿珠子、夹豆子等精细动作的水平。

二、身体动作发展的观察案例

以下介绍两个关于幼儿身体动作发展的观察案例，见案例 3-1、案例 3-2。

案例 3-1　户外运动（大班）

观察对象： 大一班幼儿

观察目标： 观察幼儿在户外运动中是否能被激发运动兴趣，发展动作技能，身体的协调性和灵活性，全面提升运动能力。

观察情境描述：

本次活动的地点是户外的操场，包括大型玩具、塑胶跑道等。幼儿在前期的活动中已

经接触到各种运动器械，并且已经熟悉并掌握其玩法。对于一些固定器械有使用率较低的情况；一些玩法单一的低结构材料也有投放随意、混乱，使用随性的情况。因此老师针对这些问题做了一些调整，例如在大型固定运动器械的使用过程中，尝试增加一些辅助材料，以增强固定运动器械的变化性和趣味性，使它们更加贴合不同年龄段幼儿的运动发展目标。

观察记录：

在运动器械攀爬网中，老师用橡皮筋在两面爬网的中间拉出了多条绳子，就像一条条“红外线”，幼儿在其中穿梭。幼儿在攀爬网上爬上爬下，也可以在“红外线”之间爬进爬出，并尽量使身体不接触“红外线”。幼儿还用在大型爬笼外提供的攀爬长绳和手套，借助大型爬笼的高度以及跳跳床侧面的网格，在跳跳床外的网格上尝试攀岩的动作。

在跳跃区，几个大班幼儿在两个1.2米高的圆筒边上放了两个垫子，然后爬上圆筒往垫子上跳。玩了一会儿后，一个孩子把一个圆筒放倒，尝试用跨跳的方式在圆筒上方一跃而过，然后对同伴说：“这样跳真好玩，你们也来试一试。”其他幼儿纷纷加入其中。他们在玩的过程中还运用轮胎等创设了“跳小山”的情境。在平衡区，幼儿选用了钻爬区的月亮架子，将其倒过来、两两拼在一起，在上面玩起了跷跷板；在走跑区，幼儿用废旧轮胎、竹梯、长凳等组合成高低不同、形状不一的“小山坡”，玩走跳的运动游戏。在钻爬区，幼儿选用了平衡区和跳跃区常用的轮胎，用一个轮胎平放在地上、一个轮胎竖起来架在上面的方式，做成了一个小隧道，玩起了“过隧道”的游戏。

解释与分析：

从观察记录中可以看出，运动器械的调整能够有效激发幼儿参与运动的兴趣，发展了幼儿的多种运动技能，让运动变得更富有趣味性和挑战性，增强了幼儿运动功能的整合性和多样性，满足幼儿个性化、多元化的运动需要。

教学策略：

大班幼儿的运动力量、耐力、速度、平衡感和兴趣相较于小、中班幼儿都有了明显的提升，而丰富、适宜的运动材料能增加户外运动的趣味性，引发幼儿自主参与运动、创造运动的玩法，从而让幼儿玩得更持久，有效提升他们的运动能力和水平。

《上海市幼儿园办园质量评价指南（试行稿）》的“3～6岁儿童发展行为观察指引——健康与体能”部分提到幼儿身体动作发展的目标，即“乐于尝试不同的运动器械和材料，开展不同的身体动作，锻炼身体各个部位”，“具有一定的平衡能力，动作协调灵敏”，“具有一定的力量和耐力”，可见在身体发展中运动兴趣和能力的重要性所在。

另外，在教学中应巧妙运用低结构材料，所谓低结构材料，是指那些没有明确使用目标、规定玩法的材料，一般以自然材料和生活材料为主，如竹梯、轮胎、PVC管、长凳、木板等，它们具有低成本、多样化的特点，能引发幼儿进行主动思考、探究与学习。低结构材料的可变性强、玩法多样，给幼儿的户外运动提供了更多想象的空间，让他们能通过自由组合材料自主地探索各种有趣的玩法，既能挑战思维，发挥幼儿的自主性和创造性，又能提升运动能力，让幼儿真正成为运动的主人。

案例3-2　悬垂（大班）

观察对象： 大一班幼儿

观察目标： 观察幼儿是否愿意尝试悬垂动作，并坚持一定的时间。

观察情境描述：

本次活动的地点为户外操场，大型玩具上的悬垂玩具是新增设的玩具，看到新的玩具，孩子们都纷纷过来尝试。有的孩子很认真地排好队，准备上去。有的孩子甩甩手臂，做好准备工作。还有的孩子对于这个新的玩具不熟悉，正在观望。

观察记录：

骆骆双手伸得高高的，第一个尝试。他迅速抓住第一根悬杆，两只脚向上跳，迅速离开攀登台，刚拉稳，伸手想去够下一根悬杆时，就整个人掉在了下方的垫子上，他迅速爬起来跑出去了。第二个来尝试的是排在骆骆后面的西西，只见他双脚一蹬，双手抓住悬杆，然后两手交替，随着身体的摆动，不断向前，一直到第三根悬杆才松手掉在垫子上，只见他稳稳地掉在垫子上，旁边的孩子们都发出“哇”的一声表示赞叹。琪琪是个女生，她也不甘示弱地要来挑战，因为长得比较高，所以她脚用力踮起来一跳就够到了悬杆，但是双手迟迟不敢伸向第二根悬杆，就这样在悬杆上坚持了5秒，终于坚持不住也掉在垫子上。之后孩子们回到教室，老师组织大家开始讨论起来，孩子们有的说：“杆子太滑了，我的手抓不住。”有的说：“我力气太小了，所以掉下来了。”老师接着问：“那怎样才能悬挂得更久一点呢?”孩子们说手臂粗一点的小朋友能行；要多吃点饭才有力气；要多加练习才可以成功。

解释与分析：

从观察记录中可以看出，幼儿对于户外的新玩具充满了期待，虽然当时并没有小朋友挑战成功，但经过老师引导讨论后，孩子们的目标感有了很大的提升。而且得出了可能的解决方法，建立起了自信心，同时也引起了班级中还没有前去挑战的幼儿的好奇心。

教学策略：

在探讨如何才能悬垂得更久的问题中，幼儿对于解决方法的初步构想让他们在之后的活动中能够有实施方向，教师需要为幼儿创设合适的练习条件。例如锻炼手臂力量，可以提供轮胎，让幼儿尝试搬运轮胎的练习。老师可以在午餐和点心时间与幼儿一起讨论哪些菜的蛋白质含量比较高，要多吃一些，让幼儿互相督促把自己的饭菜吃完，不能挑食和浪费。同时可以开展各种有趣的游戏和比赛，例如“推小车”“拉箱子”等活动。

《上海市幼儿园办园质量评价指南（试行稿）》的“3～6 岁儿童发展行为观察指引——健康与体能”部分提到幼儿悬垂能力的要求，即幼儿“能双手抓杆，身体悬空下垂 10 秒、15 秒、20 秒左右”（以上分别为表现行为 1、表现行为 3、表现行为 5 的要求）。

第二节 幼儿认知发展的观察

幼儿认知的发展包括感知觉、注意、记忆、想象、思维、语言等方面的发展，语言方面的发展我们会在本章第三节专门介绍。对于幼儿来说，这些认知领域的发展也都集中体现在他们的科学和数学能力上。2012 年教育部颁布的《3～6 岁儿童学习与发展指南》把科学（包括数学）作为幼儿发展的最重要的五大领域之一，可见科学和数学能力在幼儿认知发展中的重要性。因此，本章的论述主要集中在对幼儿科学和数学领域的发展方面的观察上。

一、认知发展的观察要点

（一）科学领域发展的观察要点

幼儿的科学学习是幼儿在解决实际问题的过程中发现和理解事物本质与事物间关系的过程，幼儿在科学探究自然事物和运用数学解决实际生活问题的过程中，获得丰富的感性经验，充分发展形象思维，并为其他领域的深入学习奠定了基础。幼儿科学学习的核心是激发探究欲望，培养探究能力。对幼儿科学领域的观察要点主要表现在以下三个方面：

一是观察幼儿是否亲近自然，喜欢探究。当观察幼儿或与幼儿交谈时，看他们是否喜欢接触大自然，并对自然中的新事物感兴趣；是否喜欢问问题，并动手探索各种材料和物体；是否乐于在动手、动脑中寻找问题的答案，对探索中的发现感到高兴和满足。

二是观察幼儿是否具备初步的探究能力。主要观察幼儿是否能够用一定的方法探究感兴趣的事物或现象。例如：能在观察、比较与分析的基础上，发现并描述事物的特征或变化，以及事物之间的关系；能用一些简单的方法来验证自己的猜测，并根据结果进行调整；在帮助下，能制订简单的调查计划，并按计划收集信息；能运用数字、图画、图表或其他符号等记录探究过程和结果；能在探究中与同伴合作，并交流自己的发现、问题、观点和结果等。

三是观察幼儿是否能在探究中认识周围事物和现象。具体是指观察幼儿能否认识常见的动植物，能否感知和发现物体和材料的性质，能否感知动植物的生长变化，能否探索和发现光、影、沉浮、水的形态等简单物理现象产生的条件或影响因素，能否感知并了解四季轮回及变化的顺序，使幼儿初步了解人类生活和自然环境之间的关系，懂得尊重和珍惜生命，知道保护环境的重要性，知道一些事物具有两面性，汽车、手机、电脑等产品有利也有弊，并感受科技对人类生活带来的变化，等等。

（二）数学领域发展的观察要点

早期数学经验对个体今后的数学学习非常重要。幼儿的数学认知培养主要是培养其对数学的兴趣并使幼儿感知数学在生活中的用途。对幼儿数学领域发展的观察要点如下：

1. 初步感知生活中数学的趣味和用处

幼儿能感知空间的大小与人们活动的关系；能发现生活中简单的排列规律，并尝试创造新的规律；能发现生活和游戏中的许多问题可以用计数、排序、分类、测量等数学方法来解决，体验解决问题的乐趣。

2. 感知数量及数量关系

幼儿能感知和发现物体的大小、多少、高矮、长短等方面的差别，并初步感知量的相对性；能借助实际情境和实物操作，理解“加”和“减”所表达的实际意义；能借助实际情境和实物操作，理解数的大小等；能使用数词来描述事物的排列顺序和位置；能运用简单的记录表、统计图等来表示数量关系。

3. 时间观念

当幼儿在学习使用“当……的时候”“然后”“后来”“后天”等词语的时候，说明他们已经对时间有了初步的理解，但是还不能完全将这些时间的含义概念化。大多数幼儿能将这些时间词语融入游戏和与他人的交流中，并能够在正确的语境中运用，有些还不能理解时间所代表的更加深刻和抽象的概念。时间观念始于顺序和序列观念，教师可以从以下几个方面观察幼儿的时间观念：一是幼儿是否知道通常的日程安排。例如，他是否知道吃点心是在早操之后，上课是在自由活动之后，午睡是在午饭后。二是幼儿是否知道一周内哪几天要待在家里，哪几天要去上学。三是幼儿是否知道一周七天的顺序、季节的顺序、一年十二个月的顺序。

4. 分类能力

所有的类别区分都取决于幼儿对于物体相同点和不同点的理解，当他们拥有很多理解相同点和不同点的经验时，不管有没有教师的指导，幼儿都会尝试着根据简单的抽象概念进行分类。分类能力也是幼儿从认识事物的具体特征到认识事物概念化的抽象特征的转折，儿童的分类依据主要包括形状、颜色、大小三个方面。

一是认识物体的形状差异。幼儿能够根据形状分辨物体，对物体进行归类，说明他们对形状已经有了初步的认知。识别形状的能力与幼儿感知识别的精细程度有关。为了思考、推理和解决问题，他们需要认识和分辨物体的不同形状。

二是认识物体颜色的差异。颜色是幼儿分类的另一种依据，幼儿很早就可以分辨颜色。他们可能可以说出很多种颜色的名称，但事实上并不完全理解这些名称的含义。

三是比较大小。将一个物体与另一个物体进行比较是研究物体特性的最好方法之一，当幼儿在建构知识的时候，他们的大脑特别关心事物之间的关系，大小就是这些关系之一。随着幼儿年龄的增长，观察技能的提高，他们会自然地开始比较，并最终确认相同或者不同。对两个大小不同、其他特征相同的物体进行直接比较是帮助幼儿学习大小概念的最好方法之一。

5. 理解空间关系

空间概念涉及对物体的定位、物体之间的相对位置、放置或容纳一个物体需要多大空间等方面的意识。从一个地方移到另一个地方而不撞到物体，能够找到路而不迷路，这些都需要某些空间概念。例如，能感知物体基本的空间位置与上下、前后、里外等方位，并理解这些方位词的意义；能使用“中间”“旁边”等各种方位词来描述物体的位置和运动方向；能按指示空间方位的语言或简单图示来取放物品，反应正确；能辨别以自己为中心的左右方位。

二、认知发展的观察案例

以下介绍两个关于幼儿认知发展的观察案例，见案例3-3、案例3-4。

案例3-3 花（中班）

观察对象： 中六班幼儿

观察目标： 观察幼儿是否愿意有条理地对事物进行记录。

观察情境描述：

“记录”在科学活动中有着很重要的地位。通过幼儿的记录，教师可以深入了解幼儿的发现与获取的经验，及时进行分析和反思，增强教育与指导的针对性。对于幼儿来说，记录过程有利于他们学会主动学习和进行学习的自我构建。记录的过程有助于提高他们的表达能力，促进他们的相互交流和相互学习，更有助于保存和再现在活动中获得的关键经验，帮助他们回忆和思考探索活动的过程，理清活动的思路，从而使活动得以扩展和深入并保持一定的连续性。在开展“花”的主题活动过程中，教师逐步引导幼儿了解记录的作用，在活动推进的过程中，引导幼儿逐步学习“记录”。

观察记录：

孩子们选中了自己喜欢的主题“花”，想开展研究的活动，老师给孩子们提出相应的意见，建议孩子们先要从制订一份研究“计划书”开始。于是幼儿根据研究内容分组后，他们开始了讨论：有讨论研究内容的，也有讨论用到的工具的。例如：“花的用途”组，他们想研究花是怎么变成香水的，花是怎么被用来做蛋糕的；“种花”组想知道花是怎么种出来的，并且还想到了要提供种花的工具；“花的种类”组想研究花的香味、有毒的花，还想研究哪些花有刺……

在记录花瓣的形状时，“花的种类”组的菲菲直接把花瓣放在纸上描画出了花瓣的形状。之后这张记录纸上还出现了箭头和数字“3”。菲菲介绍说，他们尝试用箭头和数字来表示顺序。老师把这个内容分享给其他的组，不久，孩子们的记录纸上就出现了很多有趣的符号，例如“?”“√”“×”，还有表示顺序的数字或者箭头标识。在分享的时候老师还和菲菲这组幼儿一起完善记录。例如，把数字填完整，从数字“1”开始往后记录，注意箭头的使用方式等。

解释与分析：

幼儿在老师的引导下渐渐把无序的记录变得有序和有条理性。幼儿的想法非常丰富，在活动中教师让孩子们有意识地保持记录的连续性和有目的性，以便让记录（比如“计划书”）来帮助幼儿推进活动的开展。

教学策略：

中班幼儿的思维主要依赖具体事物的形象和对它们的联想，还缺乏通过词语逻辑来思维的能力，更多的是在动手玩中进行思维。同时他们对于科学活动的探索、对物体的观察还停留在摆弄和操作阶段，满足于即时的口头表达，还没有将操作的过程和结果记录下来的明确意识，也没有较多进行记录的经验和方法，因此记录的意识不是很强，有的时候还会记录一些与活动无关的内容。这时，就需要教师的提醒和鼓励，让他们用记录的方式将自己的想法表达出来，逐渐养成记录的习惯。

教师可以有目的地搜集并选取有代表性的儿童记录进行分析，或者在儿童记录过程中观察儿童记录活动中有价值的信息。透过这些信息教师会不断地反思，把握儿童的认知经验，思考指导或推进策略。

与此同时，教师要对幼儿的记录进行再整理，可以将记录纸作为墙面设计的材料或者成果进行展示，充分尊重幼儿的记录成果，让幼儿获得成就感，也可以和同伴分享、交流。

案例3-4　数学活动——大熊的难题（大班）

观察对象：大一班幼儿

观察目标：观察幼儿是否愿意尝试选择合适的分类方法进行归纳整理，并和同伴合作共同完成整理任务。

观察情境描述：

本次活动的地点为班级教室，是在学习活动时间开展的一节数学课——“大熊的难题”。在角色游戏环境创设中，老师也创设了“大熊的家”的场景，让孩子们对大熊家里的东西有了初步的了解。幼儿扮演大熊和大熊一家的成员，因此幼儿对于角色和场景非常熟悉，能够更快地沉浸在活动中。

观察记录：

老师出示一张《大熊的家》的图片说：“再过几天就是大熊的生日了，大熊准备了很多食物准备放在储藏室，可是不管怎么放都很乱，最麻烦的是拿需要的东西时，怎么也找不到。如果把这些食物分类摆放，找起来会不会方便一些呢?”“你们觉得用形状来分类行吗？为什么?”东东回答道：“不行，因为每样东西形状都不一样。”跳跳说：“按品种来进行分类，找东西时就很方便，很适合大熊的需要。”接着老师又出示一张有关书店的图片说：“你们觉得这家书店怎么样？原来店里的书太多、太乱，客人来都要花很长时间才能找到他们需要的东西。”幼儿参与讨论整理书的方法，之后以三人一组的方式来做“看谁找得快”的游戏，最后老师总结道：“原来为了方便顾客选择，在整理书之前首先要将书本根据不同的内容进行分类，然后按照书的大小进行摆放，这样就把原先混乱的书店整理得井井有条，方便了顾客的取用，看来选择合适的分类方法进行整理还真是一个好方法。”

解释与分析：

大多数幼儿对于教师安排的整理大熊家和书店的任务非常感兴趣，教师在活动中设置了“看谁找得快”的游戏，以小组合作的方式请幼儿参与，从而去发现生活中简单的排序方法，了解生活中分类方法的用处。

教学策略：

大班幼儿社会性意识不断增强，愿意通过自己的努力帮助他人，因此在帮助大熊想办法解决难题的环节中，孩子们获得了成就感，所以在接下来的“分类整理图书”的环节中他们的积极性非常高。活动内容贴近孩子们的生活经验，环节之间的难度层层递进，游戏设计具有一定的趣味性。

大班幼儿是可以按照“内容”来分类的，在活动中还可以再挖掘使用其他的方法来进行“分类”，比如：“为什么某小组找书的速度更快呢?”请孩子们进行讨论交流。

《上海市幼儿园办园质量评价指南（试行稿）》的“3～6 岁儿童发展行为观察指引——探究与认知”部分指出：“能够发现生活和游戏中的许多问题可以用计数、排序、分类、测量等数学方法来解决，体验解决问题的乐趣。”

这个学习活动还可以进一步调整：教师的总结比较冗长，不够精简，有一些不需要拓展、解释的内容耽误了一些时间，需要调整一下活动的节奏，同时要使用追问、引导的方法来帮助幼儿总结提升。

第三节　幼儿语言发展的观察

语言是幼儿进行社会交往和社会互动的中介，是幼儿发展中的重要领域之一。幼儿能够迅速掌握很多词语，并能够完善自己的发音和语法，使之更加符合成人的语言规则。通过语言，幼儿建构起了他们对现实世界的认识，建构起了他们最初的人际关系。幼儿语言是通过与周围的人（家长、同伴、教师等）的密切交往以及对周围人的模仿而习得的。从婴儿期开始，幼儿就已经知道语言是用来交流、分享经验、表达需求和愿望的工具，1 岁之后的幼儿就开始用语言来叙述他们的故事。不同年龄段，甚至是同一年龄段的幼儿在语言的表达数量、风格、熟练程度、理解等方面水平千差万别，这与幼儿所处的文化环境有很大关系。对幼儿语言发展的观察和记录，是了解幼儿语言能力的重要手段，也能为幼儿园教师和家长进行有针对性的教育提供重要依据。

一、语言发展观察的要点

幼儿语言的发展主要包括语言的理解、语言的表达和读写能力三个方面，语言的表达主要涉及幼儿的表达意愿、词汇量、发音和吐字、语句结构、社交目的等方面。

（一）语言理解发展的观察要点

语言的理解比语言的表达发展要早，早在婴儿期幼儿就已经能够听懂成人的一些语言，随着年龄的增长，语言的理解能力也逐步增强，成人也能够通过多种途径观察到幼儿是否理解以及理解的程度。幼儿教师可以通过以下问题考察幼儿对成人言语的理解程度：

（1）幼儿是否倾听、记忆并遵从指导？比如当教师说："收好玩具后去洗手，然后回来吃午饭。"幼儿的反应如何？

（2）教师读故事时，幼儿有何反应？幼儿是否理解故事中的概念或意义？是否理解人物关系和故事情节？他会将故事和个人经历相联系吗？他理解故事中的词语吗？哪些比较熟悉，哪些不太熟悉？

（3）幼儿是否恰当地要求借助图画书中的图片来辅助理解故事？

（4）幼儿是否抓住了有意义的非言语提示，如说话者的面部表情、动作、音调、音量等？

（5）幼儿在某些情况下是否会为了听得更清楚而闭上眼睛，或者为了看得更清楚而捂上耳朵？

（6）幼儿是否习得或者在生活中使用来自故事书、电视媒体或者在与成人交流中使用的词语、歌谣等？

（二）语言表达发展的观察要点

幼儿语言的表达是他们进行交际，表达思想、意见和情感的过程，主要表现在日常的人际交流中。幼儿的语言表达受到很多因素的影响，如他们的表达意愿、词汇量、表达经验、语言情境等。

1. 表达意愿的观察

幼儿的表达意愿，主要指他们是否愿意用语言与他人互动交流，并能清楚地表达自己的意愿和想法。主要表现在以下几个方面：

（1）乐于参与讨论问题，能在众人面前表达自己的想法。

（2）说普通话及本民族或本地区的语言时，发音正确清晰。

（3）能使用连贯、清楚的语言讲述自己的经历和见闻。

（4）讲述时能使用常用的形容词、同义词等，能使用表示因果、假设等相对较复杂的关系的句子，语言较生动。

2. 词汇量的发展观察

词汇是语言的基础。任何的交流都是通过将个别的单词组成结构恰当的句子和段落来进行的。从某种角度讲，我们的词汇量越多，我们能够说出和传达给他人的句子数量、种类和思想就越丰富。可以从以下几方面考察幼儿词汇量的情况：

（1）幼儿的词汇量是否足以表达个人需求？在同样的背景下，与同龄人相比如何？

（2）幼儿是否具有使用词语指称地点的能力？例如，“我后面坐的是东东，右边是丽丽”，“老师让我把凳子放在桌子的下面”。

（3）幼儿语言中是否包含超出他们年龄段的词语？例如，丽丽总是被别人欺负，终于有一天她发火了，然后说“为什么受欺负的总是我，今天我要大发雷霆”。又如，一个 3 岁的幼儿对老师说：“你没有权力没收我的玩具。”

（4）幼儿是否开始意识到近音词或同音词的不同意义？例如，“四”“十”“死”的不同含义。

（5）幼儿是否喜欢玩文字游戏？用什么方式玩？

3. 发音和吐字

正确的发音和吐字，能够使幼儿清楚地表达自己的需求、愿望、情感等，更好地与他人交流，也是幼儿学习标准母语的基础。通过日常生活中幼儿的对话、讨论、编故事、复述故事、在游戏中的表现等，都可以观察他们发音和吐字的发展水平。教师和家长可以从以下几个方面考察幼儿的发音和吐字情况：

（1）幼儿是否在某些字词、某些字母的发音上有困难？

（2）幼儿发音和吐字的清晰度、准确度是否随着时间的推移而有所变化？

（3）幼儿在说话时是否语义表达不清？

（4）幼儿是否有说话不流利或口吃的现象？

4. 语句结构

语句结构是指幼儿使用句子的类型，如疑问句、祈使句、反问句等，以及句子结构的复杂程度。幼儿的句子中是否含有主语谓语宾语，是否只有主语谓语、主语宾语？例如，3 岁的孩子说：“爸爸，车。”意思就是爸爸正在开车。

5. 社交目的

幼儿在牙牙学语之前就开始在社交环境中体验语言，最初通过与他们最为亲密的人进行语言交流，他们体验了话语的轮换，这也是对话产生的基础。随着他们年龄的增长，幼儿主动和被动的语言表达都逐渐增多，幼儿的语言表达也表现出不同的目的。

（1）幼儿使用语言的目的是什么？为了表达需求？为了分享喜悦？为了引起别人注意？为了要求、请求、哄骗或是控制？为了给予、分享或者获取信息？

（2）幼儿的语言指向成人还是指向同伴？

（3）幼儿通常使用什么样的方式与别人进行交流？主动发起对话，还是被动对话？

（三）读写能力发展的观察要点

幼儿读写能力的出现要远远晚于幼儿语言能力的形成，虽然二者是两个相对独立的领域，但是它们有密切的联系。幼儿读写能力的发展，也是基于他们语言的发展，是在语言的基础之上产生的。观察幼儿读写能力的萌发可以关注他们的写作过程，同时也可以关注他们语言的使用情况。可以从听故事和读书的兴趣、初步的阅读理解能力和书面表达的愿望和技能方面来观察。

1. 听故事和读书的兴趣

幼儿对于听和读的兴趣主要表现在以下几个方面：

（1）能主动要求成人给自己讲故事、读图。

（2）能专注地阅读图书，不受外界干扰。

（3）乐意与他人交流讨论图书和故事中的有关内容。

（4）对图书和生活中的文字符号感兴趣，了解文字符号表达一定的意义。

2. 初步的阅读理解能力

（1）能听懂或者说出儿歌或者故事里所表达的内容。

（2）能根据故事的部分情节或图书画面的线索，续编或创编故事。

（3）阅读图书及听故事后能发表自己对作品的看法。

（4）能初步感受文学作品中的语言美。

3. 书面表达的愿望和技能

（1）能用图画和符号表达自己的愿望和想法。

（2）画画、书写时姿势正确。

（3）能认识并书写自己的名字。

二、语言发展的观察案例

以下介绍两个关于幼儿语言发展的观察案例，见案例 3－5、案例 3－6。

案例 3－5　溜溜球是轮子吗？（大班）

观察对象：大三班幼儿

观察目标：观察幼儿是否喜欢参加辩论活动，并能将自己的观点大胆地表达出来。

观察情境描述：

孩子们对于轮子的研究已经进行了一段时间，孩子们收集了“交通工具下的轮子”的图片，其中孩子们收集的图片有拖车、公共汽车、火车、自行车、铲车、飞机等，这些交通工具下的轮子是孩子们非常认同的，因此照片墙上轮子的图片越来越丰富了。而随着时间的推移，孩子们寻找轮子的范围慢慢发生了变化，从原本的交通工具发展到生活中的一些物品，比如：箱子上的轮子、电缆、溜冰鞋、小餐车等。

观察记录：

这一天，悦悦带来了一张溜溜球的图片，溜溜球是不是轮子呢？这引起了孩子们的好奇，有些孩子认为溜溜球是轮子，有些孩子认为不是。孩子们都要发表自己的观点，想要去说服对方。于是教师决定开一场“辩论会”，让孩子们把自己的理由充分表达出来。辩论题目就是：“溜溜球是轮子吗?”正方的观点是“是”，反方的观点是“不是”。老师首先阐述了辩论的规则，正反双方各推选四名辩手，由正方先发言，发言结束才轮到反方，依次发言后，各方由一位幼儿来做总结，其余的孩子用举手的方式来投票，哪一方获得支持的人数多就获得胜利。于是孩子们开始各抒己见：“这是轮子。因为它是圆的，而且会转动。”“这不是轮子。因为轮子是要装在车的某个地方的，起到滚动的作用。”

解释与分析：

在这个活动中，孩子们对轮子从外形的认识，深入到本质的探索。通过不断讨论、辩论，获得更多的信息，从而进行更有效的分析和总结。为下一阶段了解研究“滚动”这一现象打下了坚实的基础。

教学策略：

对于大班的孩子来说，“辩论”是一种活动形式，它对幼儿的思维能力、语言表达能力、合作能力以及规则意识都提出了极大的挑战，促使每个幼儿调动自己的已有经验，清晰地表达自己的观点，并在辩论中倾听同伴的观点，接受同伴的观点。幼儿为了证明自己的观点，必须对问题进行相对严密的推理并进行到位的表达，而推理的过程又牵涉道德的价值判断。这一两难情境中的论辩不仅挑战着幼儿的语言表达能力，更使他们的思维的严密性受到了巨大的冲击。

《上海市幼儿园办园质量评价指南（试行稿)》的“3～6 岁儿童发展行为观察指引——语言与交流”部分指出幼儿的语言表达能力评价标准之一，即“乐于参与讨论问题，能在众人面前表达自己的看法”。

辩论活动就是让幼儿改变角色，提高了他们的热情，教师引导幼儿自然地分为两组，思考怎样证明自己的观点，如何使本方获胜，如何合作等，在听取别人意见的同时增加自己的知识。不管辩论现场幼儿的表现和结果如何，幼儿的观点也难免片面、主观，但幼儿为赢得这场辩论而精心准备的过程就是一次非常有意义的学习活动。

案例3-6 写名字（大班）

观察对象： 大二班幼儿

观察目标： 观察幼儿是否愿意写自己的名字，培养对“前书写”的兴趣。

观察情境描述：

在大班的幼小衔接阶段，教师会把幼儿的名字打印出来并且展示在小黑板上，提供一些日常练习，比如绘画作品由幼儿自己来书写名字，给予幼儿充分锻炼的机会。在个别化学习活动“写名字”中，教师用各种字体打印幼儿的名字，让幼儿感受和欣赏各种字体的美，封上一层玻璃纸，幼儿可以用记号笔书写自己或同伴的名字，写完后可以擦掉。经过一段时间，幼儿对自己的名字已经比较熟悉了。

观察记录：

这一天开展的集体教学活动主题是“同学录”。活动前老师请幼儿自备一个本子。老师提问：“我们马上就要毕业了，怎样才能让你的同学记住你，留下一些纪念呢?”点点说：“可以给同学们送礼物。”欢欢说：“还可以拍照片，然后在照片后面写上祝福的话。这样以后看到照片，我的同学就会想起我了。”老师继续问：“在学期结束的时候，你们有什么祝福送给同班的同学吗? 你们带来的小本子可以派上大用处，你不仅可以邀请同伴在上面签名，还可以写上想对他说的话。”孩子们纷纷拿出自己的小本子，邀请好朋友来签名。虽然大部分孩子还不会写字，“祝福的话”变成了“祝福的图画”，但是并没有影响孩子们之间的沟通和交流。之后老师还请个别幼儿上来分享签名和“祝福图画”，使得幼儿对自己的留言和签名更有信心，并收获了给予他人祝福的满足感。

解释与分析：

在这个活动中，幼儿尝试在未接受正式的书写教育之前，根据环境中习得的书面语言知识，通过涂鸦等形式书写自己的祝福。同时幼儿在活动中获得了友谊，并且收获了把美好的祝福送给对方的情感体验。

教学策略：

《3～6岁儿童学习与发展指南》中针对大班幼儿前书写能力的培养提出了“喜欢用图画和符号表现事物或故事，会正确书写自己的名字，并且做到写画时姿势正确”的要求。

幼儿最初书写自己名字的时候往往是错误的，比如镜像颠倒、自创文字，不必强求幼儿一定要“写对”，可以和幼儿讨论字符的意义，梳理一些替代的方法，比如用图画代替文字的意思或读音，用简单的文字来代替复杂的文字。

透过文字，教师可以提供其他各种类型的书面表达材料，帮助幼儿巩固书写习惯，如特别的标志、说明书、菜谱（制作步骤图）、日记等，与幼儿共同关注和讨论这些材料如何清晰有序地对信息进行表达，以及其中有哪些约定俗成的表达方式。让幼儿在阅读、讨论这些不同类型的书面表达材料的过程中，感受书写的不同表现形式，了解书写的多种方法，积累创意书写的有益经验。

第四节　幼儿社会情绪能力发展的观察

随着时代的进步和发展，幼儿智力的培养已经不能够满足社会对人才的需求，社会情绪能力开始受到越来越多的教育者的重视。智力的成熟仅仅为幼儿发展提供了基础，一个人成功的关键在于情商的发展。换句话说，智力决定了一个人在什么领域、在什么程度上取得成功，但社会情绪能力则决定了一个人是否能够应对复杂变化的社会环境，是否能够管理好自己的情绪，使自己更好地适应社会生活。

社会情绪能力包括：识别自己或者他人的情绪；管理和调节自己的情绪；识别和理解他人的想法和感受；使用各种言语和非言语的策略表达自己的想法和需求，与他人进行有效交往；能够为自己的行为负责，懂得尊重他人；等等。这些能力在幼儿的问题解决、人际交往中发挥着至关重要的作用。对学前儿童社会情绪能力的观察与评估，能够使幼儿教师和家长及时发现儿童在成长中遇到的人际交往和情绪方面的问题，以便改进教育策略，促进幼儿的长远发展。

《3～6岁儿童学习与发展指南》也指出，幼儿社会领域的学习与发展过程是幼儿社会性不断完善并奠定健全人格基础的过程。幼儿阶段是社会性发展的关键时期，良好的人际关系和社会适应能力对幼儿身心健康发展以及知识、能力和智慧的发挥具有重要影响。幼儿在与成人和同伴交往的过程中，不仅要学习如何与人友好相处，也在学习如何看待自己、对待他人，不断发展适应社会生活的能力。

一、社会情绪能力发展的观察要点

根据学前儿童社会性发展的特点，本书将幼儿社会情绪能力的发展分为情绪行为、同伴交往、师幼关系和社会适应四个方面。

（一）情绪表达与情绪调节

幼儿的情绪主要可以分为积极的情绪和消极的情绪，学前阶段的幼儿已经能够体验到很多种高级的情绪情感。格林斯潘将幼儿的情绪发展分为七个功能领域——依赖、快乐、爱和亲密、好奇、武断和探索、抗议和愤怒、自律，同时还提到了与这些领域相关的情绪情感——失落、悲伤、焦虑、恐惧、羞耻、内疚等①。在学前儿童的成长过程中一些常见的消极情绪如愤怒、恐惧等会对其身心发展和社会交往产生重要的影响。

（1）观察幼儿在哪些情况下会生气？其他人的什么行为会激怒他们？他们是如何表达自己的愤怒情绪的？

（2）哪些类型的物体或者情境看起来会使幼儿感到害怕？幼儿通过什么方式表达恐惧，他们怎样应对自己的恐惧（退缩、对抗令人害怕的情境、寻求成人的帮助等）？

（3）幼儿在哪些行为情境下会对哪些事物感到不愉快、不舒服？他们如何表达自己不满的情绪？

（4）幼儿在什么情况下表现出很强的依赖性，例如，要求成人在场，提供指导或帮助？在什么情况下幼儿是独立的，不寻求他人的指导和帮助？

（二）同伴交往

同伴关系是幼儿最重要的社会关系之一，同伴交往也能够促进幼儿在认知、情绪、情感等方面获得快速发展。同伴交往的方式、水平和能力在一定程度上反映了幼儿社会性发展的水平。对其同伴交往的观察可以从以下几个方面进行：

1. 发起交往

发起交往主要涉及幼儿交往的意愿，能够在一定程度上反映幼儿社交的主动性，以及在社交中的地位，是幼儿社交技能的重要组成部分。

（1）是否愿意与同伴进行游戏？

（2）是否具有稳定的玩伴和好朋友？

（3）是否喜欢与新朋友进行交往？

（4）发起交往时是否需要老师的帮助？

2. 发起交往时的行为方式

幼儿在交往时的行为方式可以通过他们声音的特点、说话的速度和节奏、面部表情和肢体动作等来进行观察，这些细节都有可能反映幼儿当时的心理特点。

（1）身体姿势和动作。在同伴交往中，幼儿经常先触碰对方的身体，然后再说话，或者是因为恐惧吓得身体僵硬，低着头默默站着。他们的反应、手势等都能反映出当时的心理状态。

---

① 格林斯潘，萨尔蒙．格林斯潘心理育儿5—12岁．北京：华夏出版社，2015.

（2）声音特点。幼儿说话时的情绪状态会通过声音体现出来。

（3）面部表情。面部表情和声音、姿势等都是互相联系的。我们会认为笑眯眯的表情说明幼儿很开心，没有不自然、不愉快的情绪；下拉的嘴角说明他们并不是很开心。

（4）交往策略。观察幼儿在发起交往时能否采取一定的策略，例如征求别人的意见，分享玩具等。

3. 交往时的行为表现

（1）他可以使别人在多大程度上理解他的想法？

（2）他可以在多大程度上与别人分享？

（3）他可以在多大程度上等待轮到自己？

（4）他与人产生冲突的原因是什么？

（5）他会如何处理冲突？

（6）他可以在多大程度上意识到别人的权利和需求？

4. 维持友谊

幼儿的社交技能不仅表现在发起交往、交往方式等方面，怎样维持良好的同伴关系，也是社交技能的重要表现，可以通过以下几个方面进行观察评估：

（1）是否经常找自己的玩伴游戏玩耍？

（2）是否能够礼貌地与同伴相处？

（3）是否能够对同伴遇到的困难提供帮助、表示安慰和同情等？

（4）是否能关注到同伴的情绪和需求，并提供必要的帮助？

（5）是否能够爱护他人的劳动成果，在接受他人的服务和帮助时表示感谢？

（6）是否能够尊重和接纳同伴的差异（如生活方式、行为习惯等）？

（三）师幼关系

幼儿教师是孩子走出家庭之后接触到的最重要的他人，除了家长之外，他们的大部分时间都是和老师一起度过的。幼儿与教师的关系，以及师幼互动的质量、水平等都会影响幼儿在园的情绪状态，进而影响其发展。对师幼关系的观察也是教师的重要任务之一。

（1）师幼接触的频率以及在什么情况下接触（如：常规活动时请求批准，发生冲突时请求帮助，索要材料，征询意见，寻求安慰，寻求关注，请老师参加游戏，等等）？

（2）面对教师给予的关爱、帮助或建议，幼儿的反应如何？

（3）当教师限制和约束幼儿的行为时，他们的反应如何？

（4）幼儿对教师的依赖程度如何？

（5）在师幼互动中是否与老师发生冲突？

（6）幼儿与教师之间的亲密度如何？

（四）社会适应

进入幼儿园后，幼儿就开始正式进入同伴群体，他是否习惯并能快速适应群体的交往和学习生活、是否能够体验到愉悦的情绪，这些都会直接影响幼儿的健康成长甚至将来社会适应能力的发展。对幼儿社会适应情况的观察，可以从以下几个方面进行：

（1）是否喜欢并适应群体生活？例如：能主动参加集体活动，在集体活动中情绪稳定，对新的环境充满好奇，等等。

（2）是否具有群体的归属感？例如：喜欢自己的幼儿园，喜欢自己的班级，愿意为集体服务，对自己的家庭、所在的城市、国家有初步的认识，等等。

（3）是否能够体验到文化的多元性？例如：能够感受到不同地区人的差异，能够感受并认识不同地区服饰、食物、语言等风俗习惯的差异，了解中国是一个多民族的国家，能够相互尊重不同民族的风俗习惯，等等。

二、社会情绪能力发展的观察案例

以下介绍两个关于幼儿社会情绪能力发展的观察案例，见案例3-7、案例3-8。

案例3-7　蜜蜂的家（大班）

观察对象：大七班幼儿

观察目标：观察幼儿是否能和同伴协商解决问题，并大胆分享自己的经验。

观察情境描述：

在“小动物的家”活动中，幼儿通过观看图片等资料对小动物的家积累了一定的知识经验，教师引导幼儿在活动中分组合作。孩子们前期通过分组已经形成了各个研究小组。老师和孩子们一起明确了可以使用的材料、方法和取拿物品的场所。

观察记录：

楠楠、悦悦和成成准备动手为蜜蜂建造一个家，他们想从蜂巢开始做起，在材料仓库找寻了一番之后，他们找到了一筐卷筒纸芯，想一个一个叠起来，圆圆的外观和中空的造型像极了蜜蜂的家。但是如何把一个个卷筒纸芯连接在一起成了最先遇到的困难。楠楠拿来了胶棒，悦悦找来了双面胶，到底哪个材料能让卷筒纸芯牢牢的粘在一起呢？在探索的过程中，楠楠和悦悦先使用了胶棒，他们发现卷筒纸芯总是会滑落下来，于是楠楠就对悦悦说：“我们换一个试试。”于是他们把双面胶拿来试，可是双面胶粘上去容易，把纸撕下来却并不简单，特别考验他们的精细动作能力，于是悦悦把动手能力强的成成叫来，请他一起帮忙撕，很快这个问题就解决了。但是他们遇到了第二个困难，搭建卷筒纸芯的时候，随意粘贴会让整体结构不稳，而且粘住的部件很容易掉下来，怎么办呢？于是老师在分享环节把这个问题提出来和班级的小朋友一起来分享，请大家一起来帮忙解决。

解释与分析：

幼儿在活动中遇到的问题是否一定需要在老师这里得到解答呢？答案是不一定。因为从本案例中可以发现幼儿之间可以自行解决，当无法解决时也可以借助其他幼儿的经验尝试来解决，老师所扮演的角色可以是引导者和观察者，也可以是支持者，帮助幼儿找到解决问题的思路而不是答案。

教学策略：

幼儿与环境、幼儿与幼儿、幼儿与教师、幼儿与家长之间都不断地发生着交互作用。幼儿正是通过这种互动来不断地交流、探索、学习和表现，从而获得知识经验，展现自我风采。幼儿在主题活动中的探索和研究离不开孩子与这些相关因素的互动，这种互动促进了幼儿在活动中实现主动学习、自主发展。

《上海市幼儿园办园质量评价指南（试行稿）》的“3～6岁儿童发展行为观察指引——人际交往”部分提出幼儿社会适应方面的评价标准：“能想办法结伴共同游戏，活动中能与同伴分工、合作、协商，一起克服困难，解决矛盾。”

在每一次活动结束后，教师需要为幼儿提供充足的交流、表现与表达的机会，可以通过新闻发布会的形式介绍本次活动的小成果，通过拍照的方式记录下来分享给大家，使幼儿不断地进行互动学习，不断思考，迸发创造性的火花，这样不仅丰富了幼儿的知识，提高了幼儿的语言表达能力，而且倾听同伴介绍的过程也是一种学习的过程。

在主题活动中，孩子的探索行为是一种自主探索、主动学习的行为，但是，教师的作用也是不可忽略的。教师是孩子探索行为的支持者、合作者、启发者和点拨者。教师要善于聆听和观察儿童，不失时机地提供各种机会让孩子去探索，感受探索带来的快乐。

这个学习活动还可以进行进一步的调整：幼儿在户外观察好进入教室后，教师可预留10分钟左右的时间，引导幼儿把刚在户外观察到的内容和信息进行自由或分组的分享和讨论，这样的即时性分享和讨论可以积累幼儿的经验。

案例3-8　沉默的小车（大班）

观察对象：大三班幼儿

观察目标：观察幼儿在小组内和他人交往的不同行为表现。

观察情境描述：

本次活动是一个探索玩具小车利用弹力动起来的动手操作实验活动，设定的目标很明确，就是探索皮筋如何让木质小车跑动起来，然后制作一辆以此为原理的小车。其中有一组幼儿引起了老师的注意。小C是性格内向的孩子，平日里就沉默寡言；小D是一个思维活跃，非常愿意表达、表现的幼儿。教师很期待逻辑相对比较清晰的小D能够带动小C的积极性，使其多表达自己的观点。

观察记录：

活动开始了，在讨论小车跑动的原理时，老师邀请小D来回答，小D很快发现了是因为车后装上的皮筋使得小车跑起来了，小C没有参与讨论。在之后的制作小车环节，热情的小D发现了小C的不知所措，便主动解释起原理来，但是小C一直默不作声，因此小D觉得和他沟通无果，便放弃了通过话语交流的方式。不久老师发现小C虽然没有作声，但一直在一旁默默看着，直接动手操作起来，其间老师提醒小C参与一下小组的操作，但小C还是不理会。直到后来老师发现了一个小细节：当小D正在观察或是制作时，小C的手也小心翼翼地在操作，眼睛也在跟随着小D的操作步骤，尽管他没有说话，但是他还是投入制作活动当中了。最后小C的小车制作完成后，也顺利地开动起来了。

解释与分析：

从观察记录中可以看出，小C虽然默不作声，但其实已经受到了外界环境（小D）的影响。小D在潜移默化中已经影响了小C的行为。小C在自己舒适的交往方式中获得了知识经验，因此我们认为孩子们之间的交往模式是多样的。尊重并接纳不同的表达方式、情绪情感对于大班幼儿来说也是值得关注的良好品质。

教学策略：

在幼儿交往的过程中，孩子们之间会激烈地争论，委屈地大哭，遇到困难时会交流，获得学习成果时会和同伴们开心地尖叫……在各种不同活动的社会化交往中感受不同情绪。有时孩子们的社会性不是老师能“教”会的，而是通过每一次产生矛盾、尝试化解、解决问题等亲身经历才能得到提升。

教师在幼儿之间的交往相处过程中，首先要判定是否需要介入——哪些情况需要介入，而哪些情况可以让孩子们自己处理和解决。掌握介入矛盾和事件的时机也很重要，要明确孩子们遇到困难冲突时的解决方式是否合理、是否安全，在介入时也要充分了解事件全貌，询问事件中的每一位孩子的想法，学会倾听才能成为一个好的“调解员”或“问题解决大师”。

第五节　幼儿艺术领域发展的观察

根据《幼儿园教育指导纲要（试行）》以及《3～6岁儿童学习与发展指南》的精神，幼儿园艺术领域的课程应该渗透到一日活动的其他环节中。因此，幼儿园所开展的综合艺术活动更加着重培养幼儿的审美情趣和对艺术的整体感受与理解。教师要将幼儿早期说、唱、舞、画等艺术形式的学习或者体验变得更加自然，为幼儿营造支持性的艺术学习氛围。

从发展的角度看，幼儿早期的艺术学习或者体验，个体差异比较明显，常常会基于自己独特的生活经验来进行创作，喜欢选择他们独特的艺术表达方式，并体现丰富的个性和独特的价值。同时，艺术活动也是培养幼儿想象力和创造力的重要手段，因此，教师也应该关注幼儿在艺术活动中想象力与创造力的发展特点，关注其表达和表现的独特性并适当地给予鼓励。

一、艺术领域发展的观察要点

（一）艺术感受与欣赏的观察要点

在艺术欣赏方面，教师可以关注幼儿自身的观察能力、学习品质以及使用语言进行评价的能力。比如：幼儿的观察行为，关注到了哪些方面、是怎样进行观察的、是否细心等？学习品质方面，幼儿的观察是否仔细、全面？是否既能够观察整体，又能够注意到细节？评价方面，幼儿是否能够发现生活中美的东西，并对其造型、颜色、结构等方面进行评价？

1. 感受自然界与生活中美的事物

（1）是否喜欢观赏自然界中美的事物（花草树木、日月星辰、虫鱼鸟兽等）？

（2）是否喜欢倾听大自然中的各种声音，并进行模仿？

（3）是否喜欢收集美的物品，并向他人介绍自己的收集？

（4）是否对自然景色、著名建筑、名胜古迹等景观感兴趣？

2. 感受多种多样的艺术形式和作品

（1）是否喜欢听音乐，或观看歌舞、儿童剧等不同形式的表演？

（2）是否喜欢观看绘画、泥塑、剪纸等不同形式的艺术作品？

（3）是否愿意参加美术、音乐、儿童文学等艺术欣赏活动？

（4）是否能和他人分享、交流自己喜爱的艺术作品和对作品的体验？

（二）艺术表现与创造的观察要点

在艺术表现与创造方面，教师可以从幼儿艺术表现与创造的兴趣以及能力两个方面进行观察。

1. 艺术表现与创造的兴趣

主要指幼儿是否喜欢进行艺术活动，并大胆地表现。例如，幼儿是否喜欢涂涂画画、粘粘贴贴、做做手工；是否喜欢参加歌唱、舞蹈、表演等活动；是否乐于运用多种工具、材料或不同的表现手法来表达观察到的事物和自己的感受与想象。

2. 艺术表现与创造的能力

主要是指幼儿在自娱自乐或者参加艺术活动的时候表现出来的活动水平。例如：幼儿是否能够模仿演唱短小的歌曲，歌唱时声音的控制程度、律动感如何，是否能够通过即兴表演表现自己；是否能运用绘画、捏泥、折纸等方式表现观察到的或想象的事物；等等。

二、艺术领域发展的观察案例

案例 3－9、案例 3－10 主要呈现的是幼儿美术和音乐表现能力的等级评定观察表。由陈帼眉老师编写的《学前儿童发展与教育评价手册》所呈现的幼儿美术表现能力观察评价表，从构思、主动性、兴趣性等九个维度评价幼儿的美术能力。每个维度都根据幼儿自身的符合程度由高到低划分为 ABCD 四个等级（四个等级分别对应了每个维度细分的 4 个条目，其中第九个维度“习惯方面”包括 8 个条目），只需在每个维度后面勾选符合幼儿的等级水平即可。该表能够帮助幼儿教师或家长比较快速全面地了解幼儿的美术能力。案例 3－11、案例 3－12 是关于幼儿艺术领域发展的观察案例。

案例 3－9　幼儿美术表现能力的等级评定观察表

幼儿美术能力等级评价量表如表 3－1 所示。

表 3－1　幼儿美术能力等级评价量表

评定项目	评定内容	等级			
		A	B	C	D
构思	实现构想出的主题和主要内容，动笔之后围绕构思进行创造				
	预想出局部的内容，完成一项后再做新的计划				
	动笔后构思，由动作痕迹出发，想画什么就画什么				
	只有动作活动，没有形象创造，表现为在纸上随意涂抹或反复掰泥、撕纸				

续表

评定项目	评定内容	等级			
		A	B	C	D
主动性	由自身兴趣、愿望支配，自由进行美术活动				
	由特定材料引发，开始进行美术活动				
	看到别人从事美术活动，自己跟着做				
	在成人的要求下开始进行美术活动				
兴趣性	自由从事美术活动，有极大的热情，完全沉浸在其中				
	欣然从命，愉快地从事活动，在做的过程中会自言自语，流露出愉快之情				
	对美术活动迟疑不前，活动中企图离开或者张望别人做什么				
	拒绝参加美术活动				
专注性	能长时间地从事已选活动，不受外界影响				
	能在同龄幼儿一般可维持的时间内持续从事活动，中途偶有离开的现象，但会回来，直至活动完成				
	需要鼓励才能把活动完成				
	不能把活动进行完，中途改变活动				
独立性	自己决定活动任务，解决问题，拒绝别人干涉，独立完成任务				
	主动请教他人，考虑别人的建议，然后自己完成任务				
	模仿他人完成自己的作品				
	接受并在他人的帮助下完成作品				
创造性	别出心裁地构思与利用材料进行造型				
	重新组织以前学过的造型样式、方法和技能进行造型				
	重复以前学过的造型样式、方法和技能进行造型				
	只按照教师当时传授的造型样式、方法和技能造型				
操作熟练性	掌握工具姿势正确、轻松，操作动作连贯、迅速准确，依次完成动作，作品质量好				
	掌握工具姿势正确，操作动作平稳，但不太准确，作品质量好				
	掌握工具动作正确但笨拙，操作动作迟缓、准确性差，有失误不知修改，作品粗糙				
	掌握工具的姿势笨拙有误，只有重复性的动作，不能完成作品				
自我感觉	自己认为很成功，主动请别人看自己的作品，并讲解作品的含义，能慷慨地将作品送人				
	对自己的作品感觉满意，但不主动展示，听到别人的称赞感到愉快，希望保留作品				
	认为不太成功，接受别人的看法，希望将作品交给老师				
	感到沮丧，对别人的反应无动于衷或者抵触，对作品去向不关心或毁掉作品				

续表

评定项目	评定内容	等级			
		A	B	C	D
习惯方面	有顺序有步骤地完成作品				
	步骤弄错，发现后主动纠正，完成作品				
	想到什么就做什么，混乱中完成作品，作品有缺陷				
	只完成局部，作品半途而废				
	保持工具材料的固定位置，用时取出，用后放回				
	大致保持原位置，错放后能找到				
	一片混乱，用后乱放，取时找不到				
	不敢取放，拿到什么就用什么				

资料来源：陈帼眉．学前儿童发展与教育评价手册．北京：北京师范大学出版社，1994.

案例 3-10　音乐教育活动中音乐表现能力的等级评定

幼儿音乐表现能力评定表如表 3-2 所示。教师通过观察，可以了解幼儿在音乐活动中的情绪状态、对内容的掌握以及自身能力锻炼等方面的情况。表 3-3 是具体的评分标准。

表 3-2　幼儿音乐表现能力评定表

评定项目	评定内容	等级
情绪态度	幼儿在活动中能保持轻松愉快的情绪，以饱满的热情积极主动地投入活动；幼儿能够注意力集中地倾听、观看教师或其他幼儿的谈话或表演	
	幼儿在活动中能经常保持轻松愉快的情绪，幼儿能够积极主动地投入活动；在教师或其他幼儿谈话或表演时，幼儿一般能集中注意力倾听和观看	
	幼儿在感兴趣的环节中感到轻松、愉快；对感兴趣的活动内容能够主动参加；在教师或其他幼儿谈话表演时，幼儿偶尔能集中注意力倾听和观看	
	幼儿对整个活动缺乏兴趣、热情；情绪紧张或平淡；时常显得疲劳和不耐烦；在教师或者其他幼儿谈话、表演时，幼儿不能集中注意力倾听或观看，幼儿走神或做小动作	
内容掌握	幼儿掌握了活动的主要内容，学习质量好	
	幼儿掌握了活动的主要内容，学习质量较好	
	幼儿掌握了活动的主要内容，学习质量一般	
	幼儿没有掌握活动的主要内容，学习质量差	
能力锻炼	幼儿在活动中获得了能力锻炼的机会，有一定进步	
	幼儿在活动中获得了能力锻炼的机会，稍有进步	
	幼儿在活动中获得了能力锻炼的机会，进步不大	
	幼儿在活动中极少有能力锻炼的机会	

资料来源：许卓娅．学前儿童音乐教育．北京：人民教育出版社，1996.

表 3－3　具体评分标准

评价项目		权重	等级分数		评分标准			
					好 (100)	较好 (85)	一般 (65)	差 (45)
幼儿表现	情绪态度	12%	30	12	12	10	8	5.5
	内容掌握	8%		8	8	7	5	3.5
	能力锻炼	10%		10	10	8.5	6.5	4.5

案例 3－11　飞机房（大班）

观察对象：大二班幼儿

观察目标：观察幼儿是否喜欢进行表征艺术活动，并能用自己的方式大胆表现。

观察情境描述：

在大班的集体教学活动“未来的房子”里孩子们展开了充分的想象，想要设计一座世界上“独一无二”的房子，刚开始孩子们使用了画笔来描绘未来房子的模样。有的是长满花朵的花朵房，有的是石头房，等等。在老师的引导下，孩子们尝试将平面的房子变得立体起来。于是老师介绍了材料仓库里的各种材料，并请小朋友先讨论一下使用方法再去操作。

观察记录：

环宇选择了用废旧材料制作房子，刚开始他用鞋盒做成房屋的主体结构，又找了一个饮料杯模仿气球，再在饮料杯上剪一个洞，装上一根导线模仿连着鞋盒，让房子“飞”起来，而后又把饮料瓶装饰了一下，做成了一间“飞机屋”。老师提出：“气球的动力不够了怎么办?”环宇又想了想，他用包装箱的纸板剪了两个翅膀粘在鞋盒的两侧，这样就更像“飞机屋”了，接着他又用吸管等材料为飞机屋加上了机尾，这样屋子就能保持平衡了。在课后的讲评环节，教师邀请环宇为大家介绍他制作的“飞机房”。

解释与分析：

大班幼儿的小肌肉运动技能的发展相较于小、中班幼儿有了很大的提升，动手能力较强。同时他们的表现和创造的愿望也越来越强烈，他们已经不限于玩耍高结构玩具，而是更乐意用低结构材料创造出各种有趣的作品来。

教学策略：

艺术教育的本质价值定位，是将“呵护天性”作为艺术教育的理念，这就明确告诉教师“幼儿就是天生的艺术家”。“呵护”说明教育的作用在于由内而外地唤醒和激发幼儿本身就具有的艺术潜能，而不是由外而内地传递成人认定的艺术准则；将“释放天性”作为艺术教育的目标，凸显儿童的主体地位。

《上海市幼儿园办园质量评价指南（试行稿）》的“3～6岁儿童发展行为观察指引——美感与表现”部分指出幼儿艺术领域发展目标，如“乐于运用多种工具、材料或不同的表现手法来表达观察到的事物和自己的感受与想象”，“能运用自己制作的艺术作品布置环境、装扮自己和美化生活”。

教师首先要及时肯定幼儿的想象力与创造力，让他们对自己充满信心，及时鼓励他们的作品并不断完善，要充分尊重孩子的创造，允许孩子们有不同的设计。

其次，丰富的材料可以激发幼儿游戏的发生和发展，因此作为教师应多多挖掘材料来源，鼓励幼儿、家长一起收集幼儿园、家庭、社区中的各种可利用的废旧材料，用来丰富游戏材料，充分发挥幼儿的想象力。

案例3-12　音乐活动——买菜（中班）

观察对象：中三班幼儿

观察目标：观察幼儿是否愿意认识感受节奏，完整学唱歌曲，体验歌唱活动的快乐。

观察情境描述：

在“蔬菜”主题活动背景下，中班的幼儿能够认识生活中的一些常见的蔬菜，知道它们的名称和外形，幼儿对于蔬菜已积累了一定经验。本次集体教学活动学唱《买菜》就是由此开展的，意在通过好听的音乐带领幼儿认识节奏、了解节奏、学说节奏，并且加深幼儿对常见蔬菜名称和基本特征的认识。在熟悉旋律、学唱歌曲的过程中，体验歌唱活动的快乐。

观察记录：

教师提问：“孩子们，你们和爸爸妈妈一起去菜市场买过菜吗？你都知道有哪些菜？”优优回答：“有青菜、胡萝卜，还有黄瓜。”点点说：“有西红柿、土豆。”青青说：“我知道有丝瓜、毛豆，还有菠菜。”老师又说：“今天，有一位老奶奶，家里来了好多客人，老奶奶把要买的菜藏在了一首歌曲里，我们一起来听一听歌曲里都唱了什么菜？”接着教师按歌曲内容逐一出示各种菜的图片。老师继续提问：“孩子们，鸡蛋是什么样子的？青菜是什么颜色的？母鸡怎么叫？鱼儿怎么游？我们一起用歌曲里的旋律试一试吧！”孩子们纷纷做出了回答。老师又说：“老奶奶今天买了这么多菜，我们来帮老奶奶检查一下菜是不是都装进篮子里啦。”孩子们一起先来熟悉音乐节奏，跟着老师听着音乐一起拍拍手、跺跺脚。老师补充问道：“那么今天的天气怎么样？我们用歌曲的旋律唱一唱，一起来完整地表演一下吧。”幼儿完整学唱歌曲。幼儿边唱歌曲边跟随老师做动作，用表演的形式巩固学到的歌曲内容。

解释与分析：

从观察记录中可以看出，大多数幼儿对于本次音乐活动兴趣高涨，都能够跟随老师的引导开展打节奏或者是歌唱的活动。中班幼儿的特点是能够将生活中的经验进行迁移，从而参与艺术化的活动。本次活动就是一个很好的尝试。

教学策略：

中班幼儿的幼儿艺术表现愿望需要在一定情境和教师的有效引导下完成，教师需要观察幼儿是否能够大胆表现、表演，参与模仿演唱歌曲。同时教师要善于关注班中幼儿个体的发展，采用适当的引导方式开展活动。

《上海市幼儿园办园质量评价指南（试行稿）》的“3～6 岁儿童发展行为观察指引——美感与表现”部分指出：“幼儿要具有艺术表现的兴趣，能经常唱唱跳跳，喜欢参加歌唱、律动、舞蹈、器乐弹奏等形式的活动。”《3～6 岁儿童学习与发展指南》在“表现与创造”部分的子目标“具有初步的艺术表现与创造能力”中提出：“能运用基本准确的音调和节奏唱歌。”“能运用拍手、踩脚等动作，或敲击物品的方式来表现简单的节拍和基本节奏。”

这个学习活动还可以采取进一步的调整：在学习节奏部分，教师可以逐步递进，选取螺旋式上升方式进行教学。(1) 先让幼儿说一说，熟悉歌词与节奏。(2) 让幼儿通过动作的表演来熟悉节奏。(3) 语言加上手部动作。(4) 语言加上腿部动作。(5) 手部动作加上腿部动作。教师借助图片和动作，由易到难进行教学。每一个环节都有幼儿的前期经验，同时在幼儿已有经验的基础上添加新的内容。既让学习形式多样化，也让幼儿在活动中不断拓展自己的最近发展区。

另外，中班的音乐歌唱活动通常可以分为单课时或者多课时来施教。本次活动的表演或者创编的部分可以在幼儿已经能够熟练掌握该节奏后展开，对于中班幼儿来说课容量比较合适，将其放在课后延伸或第二课时更恰当。

拓展练习

做一做

通过查阅相关资料，总结一下幼儿身体动作、认知、语言、社会情绪能力和艺术领域的发展指标。

想一想

1. 是否理解了以下内容？

（1）幼儿身体动作发展的观察内容；

（2）幼儿认知发展的观察内容；

（3）幼儿语言发展的观察内容；

（4）幼儿社会情绪能力发展的观察内容；

（5）幼儿艺术领域发展的观察内容。

2. 是否能综合运用以下内容？

（1）选择一个感兴趣的发展领域，并选择一种或几种观察方法，设计一个观察方案；

（2）运用相关的幼儿发展理论解释观察到的幼儿行为。

试一试

以小组为单位，实施“想一想”环节中设计的观察方案，并总结方案的优势与不足。

第四章

幼儿在园一日生活的观察

本章导航

生活活动的观察与指导

学习活动的观察与指导

游戏活动的观察与指导

合理、温馨、有效的一日生活安排对幼儿的身心发展具有重要保障作用。首先，可以帮助幼儿明确秩序感，获得心理安全感。有序的一日生活安排是幼儿园环境的重要组成部分，它直接影响师幼互动的性质、方式与质量，影响幼儿所感受和体验到的心理环境。其次，合理的一日生活有助于提升幼儿的主动学习性，促进幼儿的社会性发展。因此，这也对教师在一日生活中的观察与指导工作提出了要求。

本章将从幼儿在园一日生活中的三个主要环节，探讨教师对幼儿实施的行为观察与指导，包括生活活动、学习活动和游戏活动。当然，教师对幼儿一日生活的观察与指导渗透在日常的保教工作中，因此本章将结合教师的日常工作来探讨幼儿在园一日生活的行为观察。

第一节　生活活动的观察与指导

幼儿园的生活活动主要是指幼儿园一日活动中的生活环节，是满足幼儿生活基本需要的活动，主要包括入园、离园、进食餐点、饮水、盥洗、如厕和午睡等常规生活活动，其特点是生活性与实践性，同时幼儿也会表现出很大的个体差异。

对于身体各个器官的生理机制尚未发育成熟的幼儿来说，生活环节有着重要的意义。首先，幼儿对各环节的适应能力较差，对于疾病的抵抗能力和对压力的承受能力也较弱，因此，生活环节使幼儿有充足的营养、睡眠，满足了其如厕和饮水等生活需要，为其健康地生长发育提供了保障。其次，通过生活环节，能够培养幼儿的生活自理能力和自我服务的意识，并能够帮助他们从小养成热爱劳动的习惯。同时，还能够培养幼儿正确、良好的生活习惯、卫生习惯。由于生活环节具有重要意义，各类政策文件都对幼儿园的生活活动提出了明确的要求与规定。各级各类幼儿园一般也会根据实际情况，建立一套生活制度或者生活常规。

一、餐点环节

（一）餐点环节的介绍

餐点环节是指幼儿园根据幼儿在园时间及其生理特点，每天定时组织幼儿进食餐点的活动环节。通常，幼儿园每天会为幼儿安排“三餐两点”，即早餐、早点、中餐、午点及晚餐。一日餐点是重要的生活环节之一，需要教师、保育员、保健员密切配合，共同关注，以保证每个幼儿合理进食，使其养成良好的进餐习惯。教师需要做到以下几点：

（1）为幼儿创设安全、温馨、舒适的进餐环境，组织幼儿安静、有序地进餐；

（2）与保育员、保健员交流沟通，观察和了解每个幼儿的进餐习惯，特别关注有特殊进餐需求的幼儿，掌握个别幼儿的饮食禁忌、超重或低体重情况，全面了解班级幼儿的进餐情况；

（3）教师与保育员分工协作，做好餐前准备、进餐引导、餐后休整等工作的安排及衔接；

（4）针对幼儿的年龄特点和本班进餐情况，日常生活中要向幼儿渗透膳食均衡等知识经验，使其形成积极的进餐意识，养成良好的进餐习惯。

（二）餐点环节的具体内容

首先，教师需要组织幼儿做好餐前准备，保育员从旁协助，餐前活动以相对安静为宜，如欣赏音乐、讲演故事、介绍餐点名称及内容等。可指导值日生参与准备工作，如分发餐具、摆放毛巾等。保育员做好消毒、分发食物等工作。其次，教师需要指导幼儿使用正确的方法进餐，养成良好的进餐习惯，还需要注意观察幼儿进餐时坐姿是否端正，取放食物和餐具的方法是否正确，进餐是否文明、有序。再次，在进餐的过程中，教师要关注幼儿进餐情况，做好整体化以及个别化的指导，认真巡视，细致观察每一个幼儿的进餐情况，特别关注有特殊情况或特殊需求的幼儿。当幼儿有需要时，提供及时、适当的帮助。复次，在进餐活动基本完成后，教师要组织幼儿开展餐后休整活动，提醒幼儿整理好自己的桌面，分类摆放餐具，做好餐后的个人卫生工作。完成后离开进餐区，轻声、小幅度活动，不影响其他仍在进餐的幼儿。最后，保育员做好餐后清理工作，清理并消毒餐具，清洁地面桌面，保持进餐区整洁、卫生。

（三）餐点环节的观察要点

1. 幼儿进餐时的情绪状态

观察幼儿进餐时情绪状态如何，是否情绪平稳放松，或是有情绪紧张、挑食抗拒甚至哭闹等情绪表现。

2. 幼儿进餐的习惯

（1）幼儿进餐时坐姿是否正确，胸口有没有贴近桌子？坐直了吗？是不是在翘椅子玩？

（2）幼儿吃饭的时候能否做到不闲聊，注意力集中？用餐时要一手拿筷子，一手扶碗，尽量不要打翻。

（3）幼儿今天胃口怎么样？是否能吃完？

（4）幼儿是不是细嚼慢咽？有没有把饭含在嘴里不咽下去？

（5）幼儿是否保持桌面清洁，有没有把骨头、饭粒放到盆里？桌面是否整理干净？

3. 幼儿进餐时的自我服务能力

（1）小班幼儿能否独立自主地用勺子吃饭？是不是一手拿勺子，一手扶碗？

（2）中班的幼儿筷子用得熟练吗？

（3）中、大班幼儿是否能自己拿牛奶壶倒牛奶？自助吃点心？

4. 进餐前后的卫生习惯

（1）幼儿是否养成用餐前清洁小手的习惯？

（2）幼儿饭后是否记得漱口，保持口腔清洁？

餐点环节的观察如案例 4-1 所示。

案例 4-1　餐点环节的观察——进餐问题（小班）

背景： 刚入园不久，许多幼儿会有入园适应困难的问题，出现一些情绪上的波动。尤其是到了午餐时间，自理能力较弱的幼儿更加容易想到自己的奶奶、妈妈等。旻旻平时性格较为内向，日常生活中对奶奶比较依赖，也是班中经常会在午餐时间出现哭闹情绪的幼儿。

镜头一：

保育员已经把饭菜汤都盛好了，教师带领着小朋友分组洗手准备吃饭。旻旻跟着小朋友洗完手，坐到自己的位置上时，同桌的小朋友都已经开始自主进餐了。旻旻看看饭菜，又看看小朋友，并没有开始吃饭。这时候保育员提醒："旻旻，快点吃饭呀！"旻旻看看保育员说："我不想吃。"保育员说："不吃会肚子饿的，你看其他小朋友都吃得可香了。"旻旻开始一把握住了勺子，试着用勺子舀取碗里的小肉圆，可是肉圆掉到了桌面上。旻旻放下勺子，开始哭了起来。教师走到旻旻身边安慰他说："旻旻，长大了上幼儿园要自己学着吃饭。"旻旻说："老师，我不会吃饭，家里奶奶会喂我的，奶奶什么时候来呀，我要回家！"旻旻越哭越厉害，周围的幼儿被他带动了情绪，也边吃边哭了起来。这时候保育员和教师只能逐个安慰哭闹的幼儿。旻旻最后也是含着泪在保育员和教师的帮助下吃完了饭。

镜头二：

吃早点的时间到了，保育员把装小饼干的小盘子放在桌子上，然后在旁边放了一个小夹子说："要吃饼干的小朋友用夹子夹到自己的小碟子里。"其他小朋友开始用小夹子夹饼干，旻旻看见小朋友都夹到了饼干，他试了一下，饼干没有被夹起来，然后他看看旁边的保育员，趁其不注意迅速用手拿了两块饼干放在自己的小碟子里。

镜头三：

午餐开始了，旻旻搬着小椅子坐到餐桌前，旻旻歪着身体，嘴巴凑在小碗前准备吃饭。教师提醒大家："小朋友们，吃饭时身体要靠近小桌子哦！"旻旻往前靠了靠，一只手拿勺子，另一只手却没有扶在碗上，这时候勺子在碗里一舀，汤打翻了，旻旻的衣服被汤打湿了。

分析：

1. 对环境变化不适应的因素

对于刚入园的小班幼儿来说，幼儿园还是个比较陌生的环境，他们对这一环境做出消极的评估，尤其是像旻旻这样性格较为内向的幼儿，更容易对陌生环境感到不安和害怕。

有的时候幼儿的就餐情绪也是一个影响因素，如果幼儿餐前出现生气、哭闹等不良情绪，幼儿的大脑神经会处于抑制状态，幼儿的唾液分泌减少，胃肠道不正常蠕动，这会使食欲降低，并影响食物的消化和吸收。

2. 幼儿自理能力因素

旻旻动手能力比较弱，自我服务能力还需要进一步提升。进餐时需要幼儿保持坐姿正确、靠近桌子、手扶小碗、正确使用餐具，这些都需要通过一定练习来获得。

3. 家庭教养方式因素

祖辈在照料幼儿时，容易表现出过度宠溺、包办的行为。旻旻奶奶就是一个典型例子。她会顺从幼儿的意见，很少反对或是批评。通过与父母的沟通了解到，旻旻在家吃饭一般是奶奶喂食并且边玩边吃。

指导措施：

幼儿进餐习惯养成，需要家园配合、共同努力。对旻旻来说，在家中的干预矫治需要其奶奶的主要配合。及时与其沟通协商，使家园实行统一标准和要求，进而帮助幼儿逐步解决进餐问题，巩固幼儿良好进餐习惯。

（1）采用故事、游戏等多种形式开展教育，帮助幼儿初步了解进餐的重要性并练习一些简单的进餐方法。

（2）采用榜样示范的方法，旻旻进餐的位置可以安排在进餐习惯良好的幼儿旁，带动其模仿学习。

（3）共同制定用餐规则，比如：自己吃饭，不要求家长喂；吃饭的时候必须坐在餐桌前；不在进餐时走动、闲聊、玩耍；不吃的残渣扔在垃圾桶里；吃适量的蔬菜；等等。

（四）注意事项

（1）及时了解有特殊就餐需求的幼儿，提前与保育员、保健员取得沟通，明确特殊情况及照顾方法。如体弱幼儿（适当调整食物分量及种类）、超重幼儿（饭前先喝汤）、特殊体质幼儿（调换部分食物）、营养不良幼儿（增补营养餐）等。

（2）餐前引导幼儿有序进行盥洗，教师需注意站位，留意每一个幼儿的盥洗安全。

（3）提醒保育员将餐车、毛巾、餐具收纳架等物品放置在安全、合理的位置，既要便于幼儿拿取，也要与幼儿保持适当距离，以免造成意外伤害。

（4）进餐过程中，可播放悦耳的轻音乐，用积极的语言与幼儿简单交流，为幼儿创设轻松、愉悦的进餐环境。

（5）注意培养幼儿良好的进餐习惯，观察幼儿的进餐坐姿（身体自然端正并靠近桌子，双腿放入桌底）、取放食物和餐具的方法（双手端碗或盘的边沿，饭碗放于正中，菜盘放右侧，汤碗放左侧）、进餐礼仪（认真进餐，有问题轻声交流；餐后面点与水果和同伴分享食用；若食物不小心洒落知道清洁处理的方法或寻求帮助）。

（6）对幼儿进行进餐指导时要注意态度，切忌呵斥与严厉批评，以免影响幼儿的进餐情绪，进而影响食物消化。

(7) 教师注意适时调整站位，兼顾进餐幼儿及进入餐后活动区域的幼儿，为有需要的幼儿提供帮助。条件许可时，建议带幼儿餐后散步。

(8) 适时与接班教师交流当天幼儿的进餐情况，特别是进餐过程中有特殊需求或出现情绪、行为反常的幼儿，及时询问并了解情况，做好相应的记录及处理。

二、午睡环节

(一) 午睡环节的介绍

午睡是指幼儿完成上午的半天活动后休息睡眠的阶段，是幼儿园一日生活中的中间环节，也是教师了解幼儿身心发展状况、睡眠习惯及特征，并予以个别化照料的重要环节。一般午睡时间为2～2.5小时，看似简单、轻松，实则需要教师极大的耐心、细心、爱心。在照看幼儿的安全性上，午睡阶段存在着不小的挑战。该环节具体包括：

(1) 合理安排午睡前的活动，做好过渡准备，让幼儿保持情绪稳定。

(2) 为幼儿营造安全、安静的午睡环境，让幼儿带着积极、愉悦的情绪进入睡眠；

(3) 帮助幼儿养成独立入睡、正确睡眠等良好的午睡习惯；

(4) 密切关注幼儿的入睡及睡眠情况，与幼儿适时沟通并给予个别化的护理；

(5) 提醒并帮助幼儿整理好衣裤、鞋袜，培养其良好的自我服务及生活自理能力；

(6) 与保育员合理分工，确保午睡室的卫生、安全。

(二) 午睡环节的具体内容

首先，要合理安排午睡前活动。午睡前宜安排相对安静的活动，如散步、诵读童谣、做手工等，避免使幼儿情绪兴奋或紧张。其次，要提醒幼儿午睡前集体如厕。午睡前，提醒并督促每一个幼儿如厕，避免生理需求影响午睡质量。幼儿如厕时，教师需注意站位，保障盥洗室内和午睡室内每一个幼儿的安全。最后，要组织幼儿进行睡前整理，提醒并适当帮助幼儿脱去鞋子、衣裤，摆放整齐后使幼儿安静入睡。

教师需要营造午睡氛围，做好睡前安全检查，合理安排幼儿的午睡床位，调节好适宜的光线和室温，注意适当通风，保持空气流通。入睡前务必做好午检，仔细检查幼儿是否携带存在安全隐患的物品，以免午睡时发生意外。在午睡过程中，教师要定时巡视、观察幼儿的午睡情况，全面关注每一个幼儿的午睡情况，及时提供必要的帮助，引导幼儿保持正确舒适的午睡姿势及习惯。午睡后，教师应该以温和的方式唤醒幼儿，提醒并帮助幼儿做好起床整理。

（三）午睡环节的观察要点

1. 幼儿午睡时的情绪

（1）幼儿午睡时情绪状态如何，特别是小班的幼儿，有没有哭。

（2）幼儿有没有想家人的情况。

（3）幼儿是不是还需要教师的陪伴或者安抚物的陪伴才能入睡。

（4）幼儿睡着后有没有做噩梦。

2. 幼儿午睡前的准备工作

（1）幼儿嘴里的饭是不是都咽下去了，是不是有饭含在嘴里。

（2）幼儿睡觉前是否去过厕所。

（3）幼儿脱衣服的时候有没有站在床上。

（4）冬季还要观察幼儿是不是按照顺序脱衣服：先脱鞋子、裤子，然后坐在被子里脱衣服。

3. 幼儿午睡穿脱衣服的自我服务能力

（1）小班幼儿能否自主穿脱衣服，衣服有没有叠放整齐。

（2）学会折叠长袖衣服的顺序和步骤了吗？鼓励幼儿边念儿歌边叠衣服，提高自我服务能力。

（3）起床后，衣服是否穿对了？裤子的前后穿得对吗？鞋子左右穿得对吗？

（4）大班幼儿起床穿衣后是不是能自己叠被子、整理床铺。

4. 幼儿午睡的习惯

（1）幼儿的手、脚有没有伸出来，幼儿的肩膀有没有露在被子外面。

（2）中大班幼儿睡觉时能否保持安静，不影响他人。

（3）幼儿有没有自言自语、和小朋友聊天，有没有吃手、吃被子、玩手指等行为。

5. 关注个别幼儿

（1）午睡过半，提醒容易尿床的幼儿穿好背心、外裤、毛拖鞋如厕，尽量避免尿床。

（2）提醒咳嗽的幼儿可以侧着睡或喝些温水，以缓解症状。

（3）如遇上午有身体不适的幼儿，密切关注幼儿生理上的变化，摸摸额头看他有没有发烧等情况。

（4）关注不适幼儿的精神状态怎么样，上午的不适是有所缓解还是加剧了，及时与家长沟通幼儿近况，如不适加剧需带去保健室做进一步判断，并提醒家长带幼儿及时就医。

午睡环节的观察如案例 4-2 所示。

案例4-2　午睡环节的观察——午睡室里的小麻烦（小班）

背景：午睡是在园一日生活中的重要环节。在进行了一上午的活动后，幼儿身心已经很疲惫，对于正在成长中的幼儿来说，适当的休息非常重要。小班幼儿在午睡时经常会发生各种状况，从而影响到他们的午休，有的情绪不稳定，有的入睡慢，有的会尿床，还有的不会穿脱衣服。

镜头一：

午睡时间到了，在保育员和教师的帮助下，幼儿都脱好外衣、外裤躺到了小床上。教师为幼儿播放了一段轻柔的音乐，并嘱咐："让小眼睛休息，闭起来。"大部分幼儿都开始安静下来，闭着眼睛静静聆听。乐乐在自己的小床上轻轻抽泣，教师走到她身边问："乐乐，你怎么了，不舒服吗?"乐乐边哭边说："睡好觉起来妈妈就来接我吗?"教师轻轻摸了摸乐乐的头说："是呀，乐乐乖乖睡一觉，起来吃了点心再玩一会儿，妈妈就会来接你了!"教师回答完乐乐还是继续哭泣："我想妈妈快点来接我，我想回家睡觉，妈妈总是在家陪我睡午觉的。""老师也像妈妈一样陪你呀，乐乐乖乖睡觉吧!"教师继续安慰乐乐。乐乐渐渐地睡着了。

镜头二：

"起床啦!"教师拉开窗帘，提醒大家马上穿好外衣、外裤并去厕所小便。奕奕还是躺在小床上不动，保育员过去叫了奕奕："起床啦，赶快去小便!"奕奕小声地说："阿姨，我的被子湿了。""奕奕，你怎么又尿床了!"保育员赶紧拿出奕奕奶奶留在一旁的干净裤子帮他换上。教师也走过去说："奕奕，以后想小便要马上告诉我们。"一旁的星欣笑了起来："奕奕怎么总是尿床！臭死了!"这时候奕奕显得很难过。

镜头三：

天气越来越冷了，幼儿的衣服穿得更多了，部分动手能力弱的幼儿就出现了穿脱衣服困难的现象。宁宁是个爱漂亮的小女孩，今天妈妈给她穿了一身漂亮的红色马甲裙和黑色加绒打底裤。午睡时，幼儿都陆陆续续脱完衣服躺到了床上。宁宁拉着紧身的打底裤着急地把袜子都连带着脱了下来，打底裤扭成了一团，宁宁怎么翻也翻不回正面，着急地求助："老师，我翻不出来了。""宁宁，你怎么还没脱完衣服啊，马甲裙也要脱掉。"教师一边帮宁宁翻打底裤一边说。于是宁宁开始脱裙子，背后的拉链怎么都够不着，于是再次求助了教师。

分析：

(1) 小班幼儿刚入园，还处于入园适应期，情绪容易不稳定，在新的环境中午睡还不太适应，需要教师安抚他们的情绪，带给他们像家人一样的关怀。

（2）幼儿睡前喝水较多或者没有及时排空小便都容易出现尿床现象。

（3）部分幼儿在家里穿脱衣服是成人包办的，这造成幼儿的动手能力较差，尤其是穿着紧身衣物，对幼儿的动手能力是更大的考验。天气逐渐转凉，穿的衣服也越来越多。对于小班幼儿来说，自主穿脱衣服是应该做到的生活技能，但许多幼儿都没有养成自主穿脱衣服的习惯。

指导措施：

1. 营造良好的睡眠氛围

午睡室的环境创设要温馨，但不宜用过多的装饰。可以适当播放促进幼儿睡眠的音乐，用优美、平和的音乐和旋律稳定幼儿的情绪。教师要主动给予更多关爱，安抚幼儿的焦虑情绪，使其觉得幼儿园的生活很有趣，慢慢适应幼儿园的生活。

2. 家园积极配合

与家长积极沟通，将幼儿在家中的午睡时间与幼儿园统一，良好的午睡习惯需要长期培养，要做到家园一致。

3. 关心个别幼儿情况

经常与幼儿沟通谈话，并抓住有利时机，积极鼓励幼儿形成良好的睡眠习惯并适时地表扬。教师可以就坐在幼儿旁边陪伴，并且可使用轻拍安抚的动作，不给幼儿强硬的要求和压力，使幼儿对午睡保持一种轻松的态度。还要特别注意比较容易尿床的幼儿，及时提醒上厕所。

4. 对幼儿穿脱衣服进行指导

对幼儿自主穿脱衣服的方法进行有针对性的指导：

（1）尽量不把衣服脱反；如若脱反了，则自己翻正。

（2）穿衣服前想一想哪件是穿在里面的，哪件是穿在外面的，里面的要先穿。认清毛衣的前后，看衣服上的花纹图案、注意领子前后的高低。

（3）注意先后顺序，上床和起床的顺序正好相反，上床是先铺被子，然后脱裤子，把腿盖在被窝里后再脱衣服，这样的顺序能让幼儿避免着凉。

（4）穿外套时考虑到幼儿的年龄阶段特点，可将穿衣服的过程编成儿歌：“抓住领子，盖座房子，抓住袖子，钻两洞子。”

（5）将脱下来的衣裤整齐叠放在固定的地方，可减少漏穿衣服的现象。

（四）注意事项

（1）针对幼儿的个体情况对床铺位置进行统筹安排，相对体弱的幼儿可安排在背风处，体质相对较好且怕热的幼儿可安排在通风处；容易尿床、尿频的幼儿可安排在靠近午睡室出入口的位置；情绪激动且好动的幼儿可安排在便于观察和提醒的位置。全体幼儿应该头脚交叉睡，避免相互干扰和影响。

（2）午睡前打开门窗，保持通风和午睡室内空气清新。幼儿午睡脱衣和起床穿衣时，容易受凉，此时可提前关闭门窗。

（3）仔细检查幼儿口腔内是否有食物残渣；是否携带存在安全隐患的物品或玩具进入午睡室，如发卡、皮筋、衣物饰品，尤其需要注意纽扣、硬币、别针等容易吞食、质地坚硬或尖锐的异物。

（4）加强巡视工作，每隔 10～15 分钟巡视观察幼儿的精神状态（哭闹、梦中惊醒、梦游等）、身体状态（发烧、剧烈咳嗽、出汗、尿床等）及午睡习惯（及时提醒并纠正不良睡姿：不蒙头、不俯卧、不把玩生殖器、不过度恋物等）。

（5）午睡期间，与幼儿适当接触及交流，稳定幼儿情绪，帮助幼儿尽快入眠。以轻柔的语言、手势动作、鼓励性的行为做好情感沟通。

（6）结合季节和气温等因素，在夏、冬季节适时开空调，调整午睡室内外温差，防止幼儿出现不适。

（7）有秩序地组织幼儿起床整理，检查幼儿是否有穿反鞋、穿错衣裤、漏穿衣物等情况，并帮助幼儿进行调整。

三、盥洗环节

（一）盥洗环节的介绍

盥洗主要包括洗手、漱口、如厕等，是幼儿园一日生活当中反复出现的环节。盥洗过程需要教师和保育员紧密配合，认真落实各项细节，以共同培养幼儿的基本生活自理能力，使幼儿养成良好的个人卫生习惯。在这一环节教师需要做到以下几点：

（1）创设安全、舒适、方便的盥洗环境，确保盥洗用具位置合理、数量充足；

（2）适当组织，确保良好的盥洗室内秩序，引导幼儿有序、安全盥洗；

（3）指导幼儿练习并掌握正确的盥洗方法，了解盥洗与身体健康的关系，培养幼儿的健康意识，使幼儿养成良好的生活卫生习惯；

（4）及时观察盥洗室的情况，适时提醒保育员做好保洁、清理工作；

（5）提醒并协助完成盥洗的幼儿整理好衣裤，适当帮助不能独立盥洗的幼儿顺利完成盥洗。

（二）盥洗环节的具体内容

首先，要创设良好的盥洗环境，预先创设好安全、舒适、方便的盥洗环境，检查洗手液、毛巾的摆放位置是否固定、合理。其次，要组织幼儿有序盥洗，注意组织方式，尽量鼓励幼儿在有需求时自主盥洗。组织盥洗要把握好时机，如餐点之前、运动之后。提醒幼儿可分组、轮流进行，避免消极等待。最后，要观察并适时指导正确的盥洗步骤和方法，针对幼儿的不同年龄特点，可制作并张贴盥洗规则提示，也可结合儿歌、童谣等形式让盥洗过程变得更有趣。还要关注盥洗之后的整理情况和盥洗室环境，及时观察完成盥洗的幼儿是否将衣裤整理好，保持整洁、卫生。幼儿全部完成盥洗后，及时检查盥洗室环境，提醒保育员做好保洁工作，擦干台面和地面，以免环境湿滑，发生意外。

（三）盥洗环节的观察要点

1. 如厕的观察要点

（1）排队如厕，避免拥挤。幼儿有没有在小脚印后面排队？能否找人少的队伍排队？

（2）男生有没有在便池外小便？

（3）幼儿大便以后有没有擦干净？

（4）幼儿有没有在玩厕纸？提醒节约用纸。

（5）如厕后有没有冲水？有没有在玩水？

（6）上厕所后幼儿有没有将衣服裤子整理好？

2. 洗手的观察要点

（1）幼儿有没有将长袖挽起？有没有玩水、玩泡泡？要提醒幼儿养成节约用水的好习惯。

（2）幼儿能不能按照“六步洗手法”洗手？［洗手流程：长袖变短袖，打开水龙头，把手打湿，关水龙头，取洗手液。“六步洗手法”洗手（手心搓一搓，手背搓一搓，手指缝搓一搓，大拇指转一转，小手腕转一转，手指甲搓一搓）。打开水龙头，把泡泡冲干净，关水龙头，在台盆里把水轻轻甩一甩。拿毛巾擦干手心、手背、手指缝。］

盥洗环节的观察如案例 4 - 3 所示。

案例 4 - 3　盥洗环节的观察——我们爱洗手（中班）

背景：洗手是有效避免和预防各种传染病的重要手段。幼儿园要求幼儿在进园、进教室时都要洗手，但幼儿在洗手过程中会出现各种各样的状况，如玩水、打湿衣袖或裤子、洗手步骤不仔细、手上残留洗手液等。

镜头一：

户外运动后回到教室，幼儿陆续自主进入盥洗室。教师提醒幼儿："刚才我们在沙池玩过，手很脏都要认真洗干净。"说完走到一边将幼儿外套挂在衣架上，刚挂完走进盥洗室，只听"哇"的一声小然尖叫起来："老师，琪琪把水喷到我脸上了，我的衣服都湿了。"原来琪琪把手按在水龙头上想堵住水，结果没完全堵住，水龙头里的水一下子冒出来，溅到了地面上和其他小朋友的身上。

镜头二：

今天午餐前，老师一如往常对幼儿们说："宝贝们快吃饭了，你们把小椅子搬好后去小便、洗手吧！"话音刚落，幼儿像快乐的小鸟一样叽叽喳喳地涌向盥洗室，而教师则跟在后面。但才到盥洗室门口，辰辰就跑出来，差点撞到老师。"辰辰，你这么快就洗完了？手洗干净了吗？"辰辰点点头。教师追问："用洗手液了吗？"辰辰听后一声不吭地转回洗手台前，重新洗了小手。就在和辰辰对话时，老师又发现了好几个把小手在水龙头下随意沾湿了就结束洗手的幼儿，他们都急着去餐厅吃饭。老师这时意识到幼儿最近洗手速度提升的原因。

镜头三：

针对近期洗手环节中观察到的问题，班级里开展了"洗手小能手"活动。今天进入盥洗室，琪琪对照着面前的卡通洗手步骤图，认真洗起了手。辰辰卷起了袖子，举着小手笑嘻嘻地搓着泡泡。幼儿都争做洗手小能手，举着洗干净的小手相互检查。

分析：

（1）盥洗环节作为生活活动的一部分，渗透融合在幼儿园的一日活动中，在这种常态化进行的环节里，虽时常对幼儿进行提醒指导，但还是观察到了这些情况。洗手环节的行为习惯培养是从小班就开始进行的，但幼儿每天多次重复这个动作后，过程里还缺少一些趣味性和互动性。

（2）爱玩是幼儿的天性，幼儿对戏水也很感兴趣。幼儿在生活中对水非常熟悉，但是幼儿参与的对水的探索活动却很有限，因此出现了在洗手的过程中玩水的现象。

指导措施：

生活活动是一种长期的、养成性的教育，其实"洗手"只是生活中一个很小的环节，教师应该帮助幼儿养成良好的洗手习惯。把握以下这些原则，相信幼儿会做得更好：

1. 游戏让生活技能也有趣

开展形式多样的活动，并通过游戏活动、运动、学习活动的渗透，让幼儿积累健康的生活经验，逐步养成各种良好的生活习惯。"跟着鼓点走"是幼儿比较喜欢的一个游戏，在洗手练习中可以借鉴这个游戏，将幼儿洗手的每一个动作，都融合在鼓点中进行，并且反复练习。可见，游戏让生活技能的练习也变得更有趣。

与此同时，在班级中创设关于水的个别化学习活动，提供玩水的材料，通过游戏与幼儿一起商讨怎样玩水、玩法和规则的制定、怎样不浪费水等相关的问题，帮助幼儿在宽松自由的环境中尽情地玩水，以满足幼儿玩水的需求，减少幼儿洗手时玩水的现象。

2. 让环境成为“不说话的老师”

在幼儿行为习惯养成的过程中会出现一些反复性，所以图示也是一种督促提醒，也可以叫作“不说话的老师”。在实践检验中发现，制作图示标记粘贴在洗手台墙面上，可以很好地提醒幼儿，在对洗手步骤不熟悉的时候，幼儿可以对照图示完成洗手的整套动作，将小手清洗干净。

3. 念念儿歌，做得更好

通过进一步引导，与幼儿一同复习巩固洗手的步骤，并将洗手的步骤编制成朗朗上口的儿歌，引导幼儿边唱诵儿歌，边随着歌词洗手。

（四）注意事项

（1）细致检查盥洗用品是否适宜、可用。如小班幼儿使用的洗手液挤按是否方便，洗手液是否在使用期限内，干湿毛巾的数量是否充足，擦手毛巾的温度是否适宜等。

（2）教师与保育员及时沟通反馈近期班级盥洗情况和集中出现的问题。调整和明确现阶段对幼儿的盥洗要求和盥洗过程中的站位、关注点。

（3）基于幼儿的年龄阶段特点和认知水平，制作并在醒目位置张贴盥洗步骤提示、规则要求。小班幼儿可采用图画形式呈现盥洗步骤，用于提示幼儿相关做法。中班幼儿可采用具象图符或实景图分步呈现盥洗步骤，以便于幼儿模仿学习。大班幼儿可采用抽象图符或图画加文字的形式（图符和图画可由幼儿自主绘制）简要提示盥洗规则。

（4）在盥洗过程中渗透安全教育。提醒幼儿进入盥洗区域后慢走防滑，轮候盥洗时不争抢、不推挤、保持安全距离，可采用等候线、小脚印等标识予以提醒，确保幼儿安全、有序盥洗。

四、饮水环节

（一）饮水环节的介绍

饮水是幼儿园一日生活中多次出现的环节，是幼儿最基本的生理需求，也是培养幼儿生活自理能力和良好生活习惯的重要途径之一。教师需要做到：

（1）创设安全、便利的饮水环境，提供适宜的饮水用具；

（2）活动组织得当，确保幼儿饮水时安全、有序；

（3）观察并指导幼儿正确地接水、健康饮水的方法；

（4）通过多种形式引导幼儿了解饮水和身体健康的关系，建立幼儿自主饮水的意识，培养幼儿良好的生活卫生习惯。

（二）饮水环节的具体内容

首先要创设良好的饮水环境，预先创设好安全、舒适、方便的饮水环境，检查水杯、水桶等物品的摆放位置是否固定、合理且便于幼儿取放。其次要组织幼儿有序饮水，要注意组织方式，尽量鼓励幼儿在有需求时自主饮水。组织饮水要把握好一些关键时机，如自主游戏期间、午睡起床后、运动前后等。最后要观察并适时指导正确的接水和饮水方法，针对幼儿的不同年龄特点，可制作并张贴饮水提示。

（三）饮水环节的观察要点

1. 幼儿自主饮水

（1）幼儿喝过水吗？喝了几杯？上午、下午都喝水了吗？

（2）在人多的时候，幼儿能有序排队吗？喝水处的空间布置是否得当，会不会拥挤？

（3）幼儿是不是按照学号或者标志取放杯子？每人拿的是自己的杯子吗？提醒幼儿注意个人卫生，不要拿错杯子。杯子的手柄是不是朝外放置，方便下一次拿取杯子？

（4）幼儿是否接得太满？还是只接了一点点？提醒幼儿在接好水后，走到宽敞区域喝水，如果还想喝可以再去接一次。观察幼儿端水时水会不会洒出来。

（5）是否有幼儿在喝水时玩水？

（6）喝水处是否有不慎洒到地上的水？注意及时清理。

2. 关注个别幼儿

（1）教师应该特别关注正在咳嗽或者病刚好的幼儿是否喝水了，可以适当提醒此类幼儿多喝水。

（2）还要关注特别不愿意喝水的幼儿，是否在寻找机会躲避喝水。

饮水环节的观察如案例 4-4 所示。

案例 4-4　饮水环节的观察——喝水真正好（小班）

背景： 随着季节的变化，特别是在呼吸道疾病高发的换季时节，家长们越来越关注幼儿的喝水问题，常常反复嘱咐教师要提醒多喝水，但教师的主动叮咛和幼儿的被动喝水有时并没有带来很好的效果，毕竟相较于幼儿平时爱喝的果汁饮料等，白开水对于幼儿比较平淡，幼儿通常不感兴趣。

镜头一：

天气逐渐炎热，在一日生活中增加了提醒幼儿喝水的次数，教师对幼儿喝水过程中的行为观察也更为仔细。通过观察发现，有的幼儿每次喝水只接一点点，一两口喝完就草草了事；有的幼儿虽然接了大半杯，可是只喝了几口就把剩余的水全倒掉了。幼儿都比较喜欢接水的过程，但实际喝水时却兴趣寥寥。

镜头二：

一次活动结束，幼儿在洗手环节时，教师提醒："洗完手请拿杯子喝点水。"于是所有幼儿听后都加速洗完手，一窝蜂地拥到茶桶边拿杯子。有幼儿来和教师反映："老师，他们都挤着要倒水，红红还把水洒在我手上了。"教师上前指导："你们不要忘了小脚印，大家喝水要排队。"于是后面的幼儿拿好杯子，站在茶桶前一米线的小脚印上等待着，队伍排得长长的。

镜头三：

喝水了，幼儿一窝蜂地去拿杯子，有的喝完了去放杯子，一时间只看到茶桶的门反复被拉开、关上，关门、开门的声音不绝于耳，教师立刻介入提醒："小心一点，在大家都喝完水之前，让橱门保持开着，不要夹到手！"刚说完，琪琪的手指就被夹到了，她"哇"地一下哭了起来。

分析：

"喝水"是幼儿一日活动中比较常规的生活环节，刚入园的时候，教师会分批地组织幼儿喝水，使得幼儿的"喝水"成为由教师组织掌控下的生活活动。小班幼儿自我中心意识较强，常有"争抢"的意识，这个行为表现也是符合小班幼儿的年龄特点的。因此从案例中可以看到，过去的习惯直接导致了幼儿喝水时一窝蜂的现象，有的幼儿不是真的想要喝水，只是想跟着大家一起去接水，参与这个活动，这样拥挤的场景很容易发生危险。同时在案例中出现了幼儿不断开门、关门的现象。虽然班级中对此约定了一些的规则，但是显然当时幼儿并没有很好地遵守这些规则。

指导措施：

1. 讨论规则

教师在对喝水环境的物品放置进行观察反思后，调整了茶桶的摆放位置，按小组分散摆放以便于幼儿取放杯子、盛放水，通过空间位置的调整缓解了拥挤的现象，减少了排队等待的时间。同时，组织谈话活动，与幼儿一起讨论"喝水的规则"，和幼儿达成共识，解决了幼儿“集体喝水的问题”。组织幼儿开展讨论“什么时候要喝水”，提升幼儿自主喝水的意识，知道什么时候不适合喝水、什么时候喝水有利于身体健康。

2. 创设环境

设计了“今天你喝水了吗?”的生活区域环境，使用雪糕棒作为记录喝水次数的操作材料，幼儿在每次喝完水后，都会开心地放上一根小棒。放学前组织幼儿进行统计，数数自己今天喝水的次数，和同伴比比谁喝得多。同时这个生活区角不但用环境提示幼儿要多喝水，同时也能让家长比较直观地看到幼儿每日的饮水情况，缓解一些家长可能存在的忧虑。

3. 家园协作

幼儿良好行为习惯的养成，需要家长的积极配合。引导家长通过各种办法在家庭日常生活中，潜移默化地培养幼儿爱喝水的健康行为习惯。少为幼儿购买各种饮料，引导家长发挥榜样示范作用，带动幼儿一起喝白开水。给幼儿讲述生活故事，通过图书、故事、儿歌等，了解喝白开水的好处。

（四）注意事项

（1）教师应该把握好饮水时机。进餐前半小时内尽量不饮水：餐前如大量饮水，易产生饱腹感，影响正常进餐。

（2）午睡之前不主动引导幼儿饮水。午睡前如大量饮水可能会影响睡眠质量。

（3）剧烈运动后不马上饮水。运动后如大量饮水会增加心脏、血液循环系统、消化系统的负担，造成不适。建议幼儿身体恢复平静后再饮水。提醒幼儿接水时少量多次，小口慢饮。

第二节　学习活动的观察与指导

学习活动是幼儿园一日生活的重要组成部分，主要注重幼儿学习的过程及体验，积累主题活动的核心知识经验。根据不同的组织形式，幼儿园的学习活动可分为集体教学活动和个别化学习活动两类。虽然都是学习活动，但二者存在显著差异，两者相辅相成、缺一不可。

一、集体教学活动

（一）集体教学活动介绍

集体教学活动是指班级所有幼儿都参加，有目标、有计划、有组织的教育活动，包括教师预设的和生成的教育活动、单独的一节课和围绕一个主题展开的系列活动、全班一起进行的和分小组同时进行的教育活动。教师需要做到：

（1）预先了解幼儿已有的知识经验、兴趣及需要，充分研究，全面整合，参透教材，设计活动。

（2）针对幼儿的年龄特点和发展水平，撰写具体、翔实的活动教案，拟订明确、适宜的教学计划，设定具体的活动目标、过程、组织形式和策略等。

（3）整理和记录课堂表现，及时反思，以便日后迁移和经验借鉴。

（二）集体教学活动的具体内容

具体来讲，集体教学活动的素材大都来源于主题活动的核心经验，或由幼儿日常生活中感兴趣的话题生成，应是经过充分研究思考、富有教育价值且契合幼儿年龄特点的教学活动材料。集体教学活动的目标定位应该是准确、清晰、可达成，并具有可操作性。目标以整合知识和技能、过程和方法、情感和态度三维目标为宜。目标的制定要契合幼儿的年龄特点，体现出活动的核心价值，同时也要体现长远的教育发展目标和需求。

集体教学活动的内容应根据教育目标有计划地选择和组织，着眼于幼儿的年龄特点、发展需要、认知水平、兴趣以及生活经验。组织活动要灵活地运用多样化的方法，引导幼儿多感官共同参与。注重整合多方面的教育内容，相互渗透、有机结合。

在准备阶段，教师需要考虑物质方面以及幼儿经验方面的准备。物质准备涉及集体教学活动需要的所有物品、空间环境等。这些都是教师在开展活动之前要充分考虑到的。最好预先进行体验，提前了解幼儿的感受，使物质准备更适合本班幼儿的学习需要。经验准备是指集体教学活动要建立在幼儿已有经验的基础上，拟订本次活动的新经验、新知识，引导幼儿做好相关的预备工作。

小班集体教学活动时间为 15～20 分钟，中班集体教学活动时间为 20～25 分钟，大班集体教学活动时间为 25～30 分钟。教学环节主要分为递进式（前一个环节是后一个环节的铺垫，各个环节之间是逐步推进的关系，最终达成教学目标）、并列式（每个环节都实现着相同的教学目标，各个环节之间相对独立）、离散式（各个环节分别对应实现不同的教学目标，环节之间相对独立。一般日常集体教学不常采用这种组织形式）三种。提问主要分为记忆性提问（教师引导幼儿通过记忆再现的方式对观察到的图像等内容进行提问）、推理性提问（促使幼儿根据已有的知识经验回答，这种提问方式可以促进幼儿主动思考、积极探究，教师的指导语需简要清晰，具有逻辑性和适切性）、递进式提问（教师在幼儿已做出回应的基础上将多个问题循序渐进、逐步深入地抛出，引导幼儿不断思考，将复杂的问题层层分解和简化，获得最终的结论）、开放式提问（教师提出的问题没有固定答案，多种答案都可指向问题，鼓励幼儿运用已有经验展开丰富的想象）、总结式提问（教师引导幼儿对某一问题或现象有所了解后，进行推测、想象、描述，鼓励幼儿对自己的想法进行概述，最终获得结论）五种。幼儿的回应主要分为非言语回应（表情、手势）和言语回应两种。延伸活动是指将本次活动经验适当迁移，用以巩固和检验教学效果。可将教学活动和个别化学习活动相结合，给幼儿充分的时间、空间进一步探索、发现，引导幼儿多说、多想、多做、多看，不断积累知识经验，获得学习的乐趣。

活动之后教师需要及时进行梳理并记录活动案例，分析活动目标的达成度、活动过程及师幼互动的有效性、策略方法的适宜性等，从而反思自身的教学行为，为下一步的教学实施提供辅助支持。

（三）集体教学活动的观察要点

1. 集体教学中幼儿的注意力

（1）幼儿有没有认真倾听？眼睛是不是看着教师？

（2）幼儿有没有开小差？有没有跟着教师的思路在动脑筋？

（3）幼儿有没有玩耍嬉闹或与同伴闲聊的情况？有没有走神发呆的情况？

2. 幼儿对教学内容的兴趣

（1）幼儿的情绪怎么样，对活动内容有兴趣吗？

（2）小班幼儿在学习活动中有没有哭闹的现象？

（3）幼儿觉得这个活动有意思吗？幼儿的参与度怎么样？可以根据幼儿的兴趣及时调整，当场生成课程，也可以根据幼儿的生活经验和最近发展区调整接下来几天的备课安排，使教学活动灵活多变，顺应幼儿的特点与需求。

3. 集体教学活动中幼儿的反馈

（1）小班幼儿能否大胆举手回答问题？

（2）中、大班幼儿能否把语句说完整？中、大班幼儿能否完整表达自己的观点，是否能独立思考？

（3）幼儿是否敢于提出自己独特的想法？

4. 使用工具时注意习惯的养成

集体教学活动中往往包含幼儿分散操作的活动，其中幼儿会接触到各种工具，教师应该有意识地关注幼儿使用各类工具时好习惯的养成。如：美术活动中会使用到剪刀，幼儿在拿取剪刀时是不是握住手柄？做好手工制作后能不能保持桌面整洁？等等。

5. 学习活动中对幼儿非认知技能的关注

教师还需要关注在分组活动中，同一小组幼儿之间的互动和问题解决情况，比如：遇到共用双面胶的情况，幼儿能不能有序地轮流着使用？如果遇到问题，能否互相协商？如果有幼儿需要帮助，其他幼儿能否主动帮忙？虽然是学习活动，但幼儿在非认知领域的学习也值得教师仔细观察。

幼儿园集体教学活动的观察如案例 4－5 所示。

案例 4－5　科学活动——水的浮力（中班）

观察对象：中三班幼儿

观察情境描述：在中班的科学活动中，教师引导幼儿围绕水的浮力展开探索。现场提供了不同形态的容器和小物品，引导幼儿尝试通过操作探索哪些物品能在水里浮起来，选什么样的容器比较适合。教师首先请幼儿分组讨论，在讨论过程中教师发现有一组幼儿面面相觑，不知道到底该做什么，教师到这个小组中间帮助大家展开讨论："我发现你们都在思考呢，那现在请你们说说，在平常生活中见到过哪些浮在水面上的东西呢？"幼儿想了想后，有的说荷叶，有的说游泳池里的浮板，还有的说自己洗澡的时候放在浴缸里的小鸭子。教师此时又抛出了另一个问题："那么这些东西都有什么特点呢？我们今天准备的材料里，有没有相似的呢？"幼儿开始有了灵感，对着桌上的材料一个个地讨论了起来。在浮力实验的活动环节中，幼儿一边做实验，一边提出了各种各样的疑问，比如有的幼儿向教师提出，东西浮不起来是因为水太少了，这些瓶子也都太小了。教师立即去盥洗室找出一个大脸盆提供给幼儿，请幼儿尝试多放些水在里面，看物品会不会浮起来。

教师支持策略分析：这个围绕水的浮力展开的科学探究活动，对中班幼儿还是具有一定难度的。教师在活动中有意识地观察，及时发现问题并进行适时调整，提供线索进行引导，帮助幼儿推进思考和探究。在教师的几个关键提问过后，遇到困难的这组幼儿受到了启发。教师开放性地接受幼儿提出的各种疑问，并且不局限于活动预设的情境，给予足够的支持，在幼儿提出实验容器问题的时候，教师及时帮助幼儿解决问题，寻找教室中可用的材料帮助幼儿。

（四）注意事项

（1）幼儿园集体教学活动的目标设计需要"脚踏实地"，要基于本班幼儿的兴趣、已有经验和发展水平，要符合班本化特点，具备可操作性，切忌空洞、含糊和不切实际。

（2）教师在集体教学活动中与幼儿的互动要尊重幼儿的学习与发展特点，切忌单纯地以"课程目标""课程内容""教师"为中心，教师们要"眼里有幼儿"，多观察和研究幼儿。

（3）学习活动中幼儿的表现会体现个体差异，大部分情况下个体差异属于正常现象，教师要尊重个体差异、记录个体差异，切忌打断或刻意引导幼儿的思考或操作；教师要能忍、能等、能闲得住，充分地给予幼儿在他们自己的水平上建构思维的机会。

（4）当幼儿提出需要帮助的时候教师要及时予以回应，耐心等待幼儿成长并不等同于不回应他们的需求。

二、个别化学习活动

（一）个别化学习活动介绍

个别化学习活动又被称为学习性区角活动，是教师根据教育目标（含主题学习的核心经验）和幼儿发展水平，有目的地创设活动环境，投放活动材料，让幼儿按照自己的意愿和能力，以操作摆弄材料为主的方式进行个别学习的活动。它具有三个特点：以学习为主，以操作摆弄类学习为主，以强调自主、注重过程性模式为主。个别化学习活动是教师预设与幼儿自发生成相结合的学习活动。幼儿在教师有目的地创设的学习环境中，根据自身的兴趣、能力和发展水平，通过与环境、材料的互动进行个别化的学习活动。在这一环节，教师需要注意：

（1）合理规划空间环境，提供契合幼儿年龄特点、发展水平及需要的材料，满足不同幼儿的自主学习需求；

（2）及时关注幼儿与材料、环境互动的情况，适时调整材料及环境；

（3）了解幼儿的学习水平、兴趣需要，适时提供个性化帮助和指导，开展多形式的讲评及分享活动；

（4）注重幼儿学习习惯的培养，引导幼儿掌握操作和收纳材料的方法。

（二）个别化学习活动的具体内容

一是合理规划环境，投放丰富且适宜的材料。教师需要综合考虑班级幼儿的学习需要、主题活动的内容及要求、教室的空间条件、个别化学习活动时间的设置等因素，因地制宜地为幼儿各领域发展提供个别化学习区域。一般可设置语言区、美工区、科常区、数学活动区、音乐区等，投放多层次、多领域符合幼儿当前需要的活动材料。二是要关注幼儿与材料、环境的互动情况，引导幼儿在个别化学习活动中自主选择学习内容，主动参与操作及探索。根据主题活动开展的进程、幼儿发展水平和兴趣，及时调整环境设置和材料提供，满足当下幼儿的学习需求。

（三）个别化学习活动的观察要点

在个别化学习活动的观察中，教师需要特别关注幼儿在领域知识、经验范畴、思维方式以及学习品质方面的行为，具体来讲，主要关注以下几方面：

（1）幼儿能否专注、投入地参与活动、使用操作材料？幼儿是否对教师投放的材料感兴趣？

（2）幼儿是否具备良好的规则意识？

（3）幼儿操作材料的水平如何？

（4）幼儿是否具备良好的倾听和表达习惯？

此外，个别化学习活动大概包括这几个常见的区域：生活区、语言区、美工区、科学区、音乐区。下面将罗列一下各个区域的观察要点。

1. 生活区中的观察要点

幼儿是否能够尝试手眼协调地将食物投掷进小动物的嘴巴里？幼儿能否用勺子喂娃娃吃饭？拉拉链？将鞋子左右配对？小班下学期幼儿能不能开始尝试用筷子夹东西？会不会叠衣服？

2. 语言区中的观察要点

幼儿是否愿意看书？能不能一页一页地翻阅书籍？看完书能不能将书正面朝外地放回书架？中班幼儿能不能看图说话，和好朋友一起故事接龙？大班幼儿能不能自制图画书？

3. 美工区中的观察要点

幼儿会不会过多地拧转出固体胶？用炫彩棒涂色的时候会不会涂在衣服上？用剪刀的时候能否注意安全，传递剪刀的时候是不是握住了尖尖的那一头？能不能连贯地使用剪刀剪出弧线？中、大班幼儿能不能用多种材料进行美术创作？能否根据示意图，制作小蜜蜂、樱花等小作品？

4. 科学区中的观察要点

数学能力方面：幼儿是否能按数取物？能否从左到右一一点数并做到手口一致？中班幼儿是否能接着往后数？两个两个数？能否按一定的规律排序，例如，AB、ABC、AAB、ABAB 等？

科学能力方面：幼儿是否能根据动物的尾巴找到对应的动物？能否根据局部动物皮毛推测是什么动物？能否将动物及其影子配对？能否根据颜色和花纹将蛋宝宝正确配对？

中大班幼儿是否能借助镜子观察左右对称？幼儿能否根据自然界中物种的生长规律将图片排序，例如：树的成长过程，小种子—发芽的小苗—小树苗—大树—长满果实的大树；蚕的生长过程，虫卵—毛毛虫—吐丝—蚕蛹—飞蛾；通过增加、减少矿泉水瓶中的水，观察瓶子在水缸中的沉与浮，探究潜水艇的秘密；等等。

5. 音乐区中的观察要点

幼儿对艺术表演是不是感兴趣？能否大胆唱歌？能不能用各种服装道具装扮自己？能否尝试用乐器演奏？能不能根据动物图谱模仿动物叫声？能不能根据音乐有节奏地舞动？

个别化学习活动的观察如案例 4－6 所示。

案例 4－6　个别化学习活动——七彩拓印（小班）

观察对象： 小一班幼儿

观察情境描述： 在个别化学习活动时间，幼儿纷纷自主选择喜欢的个别化学习区域。美工区中提供了各色颜料和拓印工具，选择在美工区活动的幼儿纷纷挑选工具并开始作画，乐乐在桌边站了很久但迟迟没有采取行动，只是看着大家在操作。教师发现这个情况后上前询问："你想在这里玩吗？"乐乐点点头，教师提出："需要老师帮帮你吗？"乐乐望向教师并再次点点头。教师挑选了一个拓印工具放在乐乐手上，握着乐乐的手开始拓印——蘸取颜料，印在画纸上。这时乐乐显得神色紧张，手握得很紧，动作也比较局促。教师说："我们一起合作印出来的形状，真好看，等完成后一定会很漂亮的。"乐乐渐渐小手开始放松，老师把手放开后，自己开始尝试蘸取颜料作画。

教师支持策略分析： 乐乐的性格较为内敛，对拓印有兴趣但是却停留在了观察的阶段，对于新材料的使用还比较陌生，迟迟没有动手开始操作。教师在观察到这个情况之后，及时上前对乐乐进行指导，手把手帮助幼儿使用材料，耐心引导。在这个过程中，幼儿虽然没有语言表达，但是从眼神和动作反应中都能发现，幼儿在教师的引导下逐渐放松和接纳，并且在教师放开手之后，开始尝试自己进行作画。乐乐对于新鲜事物的接受能力比较弱，接受速度也比较慢，较缺乏自信，教师基于对幼儿的了解和当下的观察，进行了个别化的帮助和指导，采用言语鼓励和手把手教学的方法，帮助幼儿探索新材料的使用，在过程中建立自信心，激发幼儿对活动的兴趣和参与度。

（四）注意事项

（1）认真研读《3～6 岁儿童学习与发展指南》等，了解并预设当前主题活动背景下的个别化学习计划，做出相应的安排。

（2）考虑到各种活动的不同性质、教室空间各部分的特点，基于动静分离、因地制宜的原则来确定各个活动的具体位置，确保不同活动之间有适宜的间隔或界限，便于幼儿选择区域时不会受到干扰和影响。

（3）收集各种个别化学习素材，制作当前主题活动中的个别化操作材料，注重各活动的平衡性。材料的投放以当前主题为主，有时也可以兼顾上一主题和下一主题。

（4）注意培养幼儿的个别化学习习惯，如收纳活动材料、轻声操作、有一定的专注度和持久力等。

（5）为有需要的幼儿提供个性化帮助，同时采用多种形式进行讲评和分享，和幼儿讨论共性的问题，共同摸索规则，寻求解决方法，促使幼儿积累学习经验，提升学习效率。讲评时间一般为5～8分钟。

第三节　游戏活动的观察与指导

游戏是幼儿园一日生活中幼儿最喜爱的活动形式，幼儿在游戏中感受到快乐与满足。教师要关注、支持、推进幼儿的游戏，帮助幼儿获得更大的成长。教师应该注意创设有趣、适宜的游戏环境，投放丰富的游戏材料，满足幼儿的游戏需要；要全面了解幼儿的游戏情况，确保幼儿在游戏中的愉悦体验和安全；同时还要采用不同形式与幼儿分享游戏感受和经验，提升幼儿的游戏水平。游戏是幼儿一日生活中的基本活动，是幼儿喜欢的、主动的、自愿的、愉快的活动形式。游戏是适合幼儿年龄特点的一种独特的社会活动，在游戏中幼儿能有目的、有意识地通过模仿和想象，创造性地反映周围现实生活。

游戏前教师应该根据幼儿的年龄特点、游戏需要及兴趣，规划游戏区域。综合考虑区域的空间大小、位置高低错落、人数安排等因素，提供尽可能多的游戏空间，便于幼儿取放材料，开展游戏交往。还需要提醒幼儿适量饮水、如厕，师幼共同设置游戏环境、摆放游戏材料，做好游戏前的准备，并通过谈话一类的形式和幼儿共同探讨游戏规则和注意事项，构想可能发生的游戏情节和经历，激发幼儿的游戏热情和规则意识。同时还要准备好必要的幼儿行为记录工具（如相机、摄像机等），确保更细致的观察、更真实的记录、更及时的分析，以备后续的反思、再实践。

游戏中，教师需要密切观察每一个幼儿的游戏进程和状况，提供适当的帮助和支持，如调整游戏材料和环境。教师应避免过多介入，以免影响幼儿的游戏情绪和状态。需全面观察幼儿的游戏状况，结合当天的活动目标，及时捕捉有价值的游戏话题，为后续的分享、讲评做好准备。

游戏后，教师需要提醒幼儿共同协作、物归原处，将游戏材料收纳整齐，并采用多种形式进行游戏的分享与讲评，整合及梳理幼儿的游戏经历，提升幼儿的经验和水平。还可以及时和任教老师沟通，适时补充游戏材料，改善游戏环境，为下一次游戏活动做准备。

一、区角游戏

（一）区角游戏介绍

区角游戏是教师利用游戏特征创设情境，让幼儿以个别或小组的方式，自主选择、操作、学习、游戏，从而利用和积累、修正和内化自己的经验和感受，在获得游戏般体验的同时，获得身体、情感、认知及社会性等方面发展的一种教育组织形式。

对幼儿而言，区角游戏是一种高开放性、低结构化的活动，幼儿可以以自己的兴趣、需要、意志为导向自主活动，活动的内容、时间、节奏、顺序、伙伴、规则等都可由幼儿自己决定或与同伴商量、协调，幼儿在摆弄与操作、探索与发现、交流与询问等过程中实现和生成活动。

对教师而言，区角游戏是教师基于对幼儿兴趣与需要的了解，反映一定教育价值而组织的活动。教师将自己的主导作用通过环境创设、材料投放、活动内容与形式的建议、同伴之间的影响来加以渗透。区角游戏需要教师时刻追随幼儿，通过观察幼儿的活动过程，了解活动结果，从而调整活动方案，使区角游戏的内容和材料更好地定位在幼儿的最近发展区，进而更有效地推动幼儿的自主学习和经验提升。

（二）区角游戏的观察要点

（1）幼儿在区角游戏中能否遵守游戏的规则？

（2）幼儿在游戏中能否专注地探索游戏材料？

（3）在个人游戏中，幼儿能否保持专注，独立探索游戏材料的多种玩法？

（4）多人游戏中，幼儿能否与同伴商量游戏玩法，共同制定并遵守游戏规则？

（5）对于同一种游戏材料，幼儿是否探索出了多种玩法？

（6）区角游戏结束时，幼儿是否将游戏材料物归原处？

区角游戏观察如案例 4－7 所示。

案例 4－7　区角游戏观察（中班）

观察对象：中八班幼儿

观察情境描述：积木是幼儿游戏中经常出现的材料，建构区也是区角活动中特别受欢迎的一块区域。在一次中班区角游戏的建构区内，几名幼儿正在进行各自的搭建，材料为各种形状的木质积木。此时两名幼儿开始因为一块较为稀少的异形积木块而发生争执。西西说："我需要这块来搭屋顶。"浩浩说："我也在搭房子，我也要用，你给我。"教师听闻争执之后来到幼儿身边，幼儿表示积木是同时拿到的，并且双方都需要这一块。教师在对儿名幼儿搭建的作品进行观察和询问之后发现，所有幼儿其实都在搭房子。教师随即提出建议："我发现你们都在搭房子，是不是可以合作，什么地方是有很多房子的?"这时幼儿就开始七嘴八舌地发表意见了："我们小区里就有很多房子。""小区里面不只有房子，还有喷泉、秋千、小桥。""小区还要有围墙围起来的。"幼儿在互相交流后，开始合作搭建小区房屋设施。

教师支持策略分析：中班幼儿通过既往的游戏，具备了一定的操作经验，掌握了一些搭建技巧并且具有独立建构的能力，在游戏中能够预设一定的构想和规划，并且通过不断尝试和调整，逐步完成自己的目标。教师在这种高开放性、低结构化的活动中，需要充分鼓励和支持幼儿的想象创造与表达表现。在这个案例中两名幼儿因为一块积木发生了争执，但教师的干预不仅仅是帮助解决争执，而且结合对几名幼儿搭建情况的观察和了解，向幼儿提出了共同合作的建议，促进幼儿在游戏过程中的同伴交往和小组合作，推动了幼儿的想象创造与经验提升。

（三）注意事项

（1）根据幼儿的游戏需要，及时补充和调整游戏材料。对于中大班幼儿，可设置"百宝箱"，提供多种类、多材质的半成品材料，鼓励幼儿自制游戏材料。

（2）观察幼儿游戏过程中，教师应坚持多看、多听、少说、少做的原则，积极参与和支持，适时适度地给予幼儿支持。

（3）游戏的分享与讲评要充分考虑幼儿的年龄特点及游戏水平，可采用不同的形式来达成。例如：小班可采用游戏中即时拍摄的照片及录像，引导幼儿再现游戏经历、人物、场景，给予幼儿直观感受，为幼儿复述游戏过程提供参考材料；中班可采用游戏分享卡，包括问题卡、创意卡、交往卡等；大班可采用情境讨论、游戏故事等形式来进行分享。

（4）游戏的分享尽量以游戏中体现的品质为主，如坚持性、抗挫性、创新性等。

二、角色游戏

（一）角色游戏介绍

角色游戏是幼儿按照自己的意愿模仿和想象，借助真实或替代的材料扮演角色，用语言、动作、表情等创造性地再现周围社会生活的游戏。角色游戏通常都有一定的主题，是幼儿期典型的游戏形式。在主题活动背景下，教师会根据幼儿的年龄特点，预设与生成相结合地引导幼儿开展角色游戏。为了让幼儿能够充分地在角色游戏中体验到与同伴共同游戏的快乐、将生活经验带到游戏中的趣味，教师需要对教室的格局有所规划，为幼儿提供低结构的材料供幼儿在游戏中自主选用，并在幼儿需要时适当地进行指导。

（二）角色游戏的具体内容

角色游戏是一个长期的、伴随主题变化的、具有很强生成性的、以幼儿游戏意愿为主体的游戏形式。在活动开展初期，针对小班幼儿的年龄特点，教师一般会预设几个常规的游戏区域，如娃娃家、小舞台、理发店、小医院、小超市等。这些贴近小班幼儿生活经验的主题游戏，可以让幼儿们更快地理解并投入角色游戏中。对于中大班的幼儿，教师可以和幼儿们聊一聊本学期有哪些主题，通过讨论来决定角色游戏的内容。

在游戏活动中，教师巡回观察各个游戏区域内的游戏情况，及时解决发生的矛盾争执；对于游离在外的幼儿，教师可以通过与他共同游戏、引导其他幼儿邀请其一起游戏等方式使其投入游戏中。在游戏结束后，引导幼儿自主将所有的玩具“送回家”。在所有的玩具放回原处后，教师组织集体交流分享，引导幼儿说说“今天我是谁”“我做了什么事情”“有什么开心的事情”“遇到了什么难题”等。幼儿在表达、倾听中共享游戏的经验，在讨论中共同解决游戏中遇到的难题。根据分享内容，教师也可适当进行总结提炼，并对下一次的游戏给出方向引导。

（三）角色游戏的观察要点

（1）游戏开始时，幼儿是否有想法、有目的地选择某一固定游戏角色，不随意更换游戏角色？

（2）游戏中，幼儿是否具有一定的角色意识，玩与角色有关的游戏情节？

（3）在游戏中，是否愿意与同伴通过交流、协商的方式解决分歧？

（4）游戏是否充分反映已有的生活经验？

（5）出现生成性的游戏情节，幼儿能否自己寻找替代物？

（6）在游戏中遇到困难时，幼儿是否愿意动脑，尝试自己解决？

（7）在交流分享时幼儿能否用连贯、清晰、完整的语句表达游戏内容？

角色游戏观察如案例 4-8 所示。

案例 4-8　角色游戏观察（小班）

观察对象：小八班幼儿

观察情境描述：在小八班的一次角色游戏活动中，教师饶有兴致地参观每个“摊位”，各处都很热闹，但路过“美容美发店”的时候发现门庭冷清，两位“造型师”无所事事、显得有些沮丧。教师站在门口带着惊喜的表情说：“哇，这个美容美发店看起来很不错，我最近正想换个发型，可不可以请你们帮帮我呀?”两位小造型师立刻开心地拉着教师的手进店。教师坐在小椅子上与两位造型师商量：“请你们给我出出主意吧，什么发型适合我呀?”两位幼儿你一言我一语地提出了自己的建议，还热情地把店里的发型展示册拿出来介绍。在选定发型过后，两位幼儿都想为教师做发型，开始争执了起来，此时教师提议说：“我今早出门比较匆忙都没好好收拾自己，我看你们店里还有化妆工具呀，能不能请你们一位帮我做发型，另一位帮我画个美美的妆吧?”幼儿在一阵商量过后，两人各司其职，一起给这位客人做起了造型。

教师支持策略分析：教师在巡回观察指导的过程中及时发现了“美容美发店”中幼儿的情况，主动以“客人”的角色介入游戏，带动起幼儿的情绪，幼儿再次投入游戏的欢快氛围之中。教师还运用肢体动作和身体接触，拉近与幼儿的距离，尝试尽快地融入幼儿的游戏氛围之中。在幼儿意见相左发生争执的时候，教师以言语引导和鼓励幼儿进行合作行为，同时也促进了幼儿的社会性发展。

（四）注意事项

（1）注重习惯的培养，在游戏结束后应该请幼儿将所有的玩具、游戏材料放回原处；

（2）游戏开始前，教师应检查材料架是否提供了充足的低结构材料供幼儿选用；

（3）游戏中关注是否有不符合年龄特点或主流价值观的游戏情节，及时介入干预；

（4）当幼儿遇到特殊状况（争抢玩具、发生争执、区域人数太多）时，教师适时介入与指导；

（5）适当拍摄幼儿游戏的照片或视频，以便在交流时还原游戏场景；

（6）组织交流分享环节，应以幼儿表达为主，鼓励幼儿使用完整、清晰的语言；

（7）角色游戏是幼儿自主反映生活经验的游戏，教师切忌以自己的主观意愿控制游戏，应给予幼儿足够的自由度和想象力发挥空间。

三、运动

（一）运动介绍

运动是幼儿园一日生活中重要的一部分，是幼儿最向往的活动之一。运动不但能增强幼儿的体质，改善体能，还能培养幼儿良好的意志品质。但在运动过程中，容易发生一些意想不到的小插曲。因此，既要保证运动中幼儿的安全及健康，又要让幼儿充分感受运动的乐趣和意义，就需要教师做好大量的准备及支持工作。教师需要创设适宜的运动环境，确保场地、设施和材料适合幼儿使用。还需要培养幼儿良好的运动习惯，激发幼儿参与运动的兴趣。同时要密切观察每一个幼儿的运动情况，给予适当的提醒和帮助。

（二）运动的具体内容

活动开始前，教师要预先了解当天活动计划以及运动目标，提前对天气情况、运动场地、运动器械做好安全检查工作。教师需要及时和搭班教师、保育员沟通，清楚地告知需要协助的事项、时间节点以及有特殊照顾需要的幼儿情况，明确各自的分工及站位。教师要提醒并帮助幼儿做好运动前的准备，包括如厕、适量饮水、适宜着装、检查随身物品、垫汗巾等。教师还要引导幼儿做好适当的运动热身准备，调动幼儿参与运动的积极性。

运动中教师要创设运动场景，投放适宜的运动器械和材料，清晰地说明活动规则和注意事项；密切观察每一个幼儿的运动情况，了解其当前的情绪变化、体能状况等，给予必要的提醒及照料；和搭班教师、保育员明确分工及站位，确保每一个幼儿都在各自视线范围之内；视具体情况调整站位，相互协作配合；特别关注有特殊需求的幼儿，适当增减其运动量；运动过程中适时提醒幼儿增减衣物、休息、擦汗及饮水；即时分享幼儿在运动中生成的新玩法、好经验，激发幼儿运动的兴趣。

运动后的整理工作包括组织幼儿将运动器械和材料放回原处，收纳整齐；提醒幼儿将自己的衣物整理好并且及时归队，清点人数。

（三）运动的观察要点

（1）运动前幼儿是否完成盥洗、调整衣服等生活活动？

（2）在运动前幼儿是否做好充分的热身运动？

（3）是否为容易出汗的幼儿提前垫好汗巾？

（4）幼儿是否懂得躲避危险，行走或跑动时控制速度、方向，避免与他人的身体碰撞？

（5）在运动前和运动中幼儿是否能主动根据自身情况脱衣服、用毛巾擦汗、饮水或休息？

幼儿运动观察如案例 4－9 所示。

案例 4－9　运动观察（中班）

观察对象：中三班幼儿

观察情境描述：在一次室内运动的过程中，幼儿因为天气原因不能到户外进行运动，教师将幼儿分为四组，分别在教室、餐厅和走廊两头进行运动。活动所用材料形式多样，有自制的曲棍球、沙包、使用呼啦圈摆放成桥的“小马过河”以及由桌椅摆放搭建成的

“勇者闯关”，在活动进行15分钟后，教师要求各组交换场地玩耍。在活动过程中，教师到各组的活动中进行个别指导，倾听幼儿分享的活动乐趣和发现的新奇玩法：“哇，原来曲棍球还可以这么玩，这个方法好像让游戏更好玩、更加有挑战性了呢！”“我看到有几个勇士已经成功了，但作为勇士也要注意安全哟，排队闯关，保持前后距离。”在每15分钟一轮换的游戏中，幼儿不仅玩到了各种项目，还充分体验到了运动的乐趣，兴趣高涨，常常在活动中发明出自己的新玩法。

教师支持策略分析：虽然因为天气原因运动环节在室内进行，但是教师对场地和人数都进行了妥善的安排，采取了有效的策略对幼儿活动进行支持，根据幼儿当下的实际情况进行个别指导，主动倾听幼儿的情绪言语表达，使得幼儿在活动中不局限于已有玩法，幼儿在形式丰富的材料中创造性地生成属于自己的新玩法；定时的分组交换场地和材料的行为，帮助幼儿在运动中一直保持着较高的兴趣。教师在活动中对幼儿表达的倾听、肯定和赞扬的行为也促进幼儿更加积极地参与活动，享受运动中的乐趣。

（四）注意事项

（1）教师穿着方便运动的服装、运动鞋，不戴配饰，将长发束起；

（2）如遇雨天、雾霾天或户外运动场地湿滑时，须调整为室内运动，教师应提前将运动材料放置在室内方便取用处；

（3）熟记有特殊需求的幼儿（肥胖儿、易出汗幼儿、体弱幼儿、病儿等）的保育要求，如对出汗量大的幼儿，应及时为其擦汗并更换汗巾；

（4）当幼儿遇到特殊状况（发生冲突、运动器械使用不当、运动技能滞后）时，教师应适时介入干预并指导，给予幼儿充分的运动空间；

（5）在取放运动器械和材料的区域可设置清晰明确的标志（图标、箭头、提示语等），用以引导幼儿，避免拥挤；

（6）教师和保育员的站位须注意分开。避免视觉盲区，保证视角全覆盖；随机调整站位，关注每一块区域、每一个幼儿；如有挑战较大的运动器械，可靠近器械站立观察，及时提供帮助或保护。

拓展练习

做一做

通过查阅相关资料，总结一下幼儿在生活、学习和游戏等方面的发展指标。

想一想

1. 是否理解了以下内容？

（1）幼儿园生活活动观察内容。

（2）幼儿园学习活动观察内容。

（3）幼儿园游戏活动观察内容。

2. 是否掌握了以下内容？

（1）幼儿园生活活动观察的步骤。

（2）幼儿园学习活动观察的步骤。

（3）幼儿园游戏活动观察的步骤。

3. 是否能综合运用以下内容？

（1）选择一种或几种观察方法观察幼儿的个别化学习活动。

（2）运用相关的幼儿发展理论解释观察到的幼儿行为。

试一试

以小组为单位，自己设计观察记录表，并观察幼儿的游戏行为。

附录：一日生活环节与《3～6岁儿童学习与发展指南》各领域目标的对应

■ **生活**

健康领域：

具有良好的生活与卫生习惯（坚持午睡；不偏食、挑食；不暴饮暴食，喜欢吃瓜果、蔬菜等新鲜食品；吃东西时细嚼慢咽；饮用白开水，不贪喝饮料；保护眼睛、牙齿；等等）。

具有基本的生活自理能力（自己穿脱衣服、鞋袜、扣纽扣、系鞋带、根据冷热增减衣服，整理自己的物品）。

手的动作灵活协调（熟练地用勺子、筷子吃饭，能使用简单的劳动工具或用具）。

语言领域：

认真听并能听懂常用语言（别人对自己说话时能注意听并做出回应，有意识地听与自己有关的信息）。

愿意讲话并能清楚地表达（愿意表达自己的需要和想法）。

具有文明的语言习惯（别人对自己说话时能注意听并做出回应，使用恰当的礼貌用语，根据场合调节自己说话声音的大小、语气）。

社会领域：

能与同伴友好相处（学习解决与同伴之间的冲突）。

具有自尊、自信、自主的表现（自己能做的事情自己做，不会的愿意学）。

关心尊重他人（关注别人的情绪和需要，并能给予力所能及的帮助；尊重为大家提供服务的人，珍惜他们的劳动成果；接纳、尊重与自己的生活方式或习惯不同的人）。

遵守基本的行为规范（遵守规则，节约粮食、水电等资源）。

科学领域：

在探究中认识周围事物和现象（能感知和体验天气对自己的生活和活动的影响；能感知和发现不同季节的特点，体验季节对动植物和人的影响；初步了解人们的生活与自然环境的密切关系，知道尊重和珍惜生命）。

初步感知生活中数学的有用和有趣（体验和发现生活中很多地方都会用到数学，可以用数学的方法来解决问题）。

感知和理解数、量及数量关系（注意物体较明显的形状特征，能按语言指示或根据简单示意图正确取放物品）。

■ **运动**

健康领域：

户外活动不仅对幼儿形成健康的状态、愉快的情绪、适应环境的能力，促进动作的平衡、协调、灵敏等具有极大的作用，还能够发展幼儿的生活自理能力和安全意识、自我保护能力，如：运动时注意安全，不给他人造成危险；根据冷热自己增减衣服、自己系鞋带；等等。可以说，健康领域的大多数目标都可以通过户外活动来实现。

语言领域：

认真听并能听懂常用语言（别人对自己说话时能注意听并做出回应，能结合情境感受到不同语气、语调所表达的不同意思）。

愿意讲话并能清楚地表达（愿意表达自己的需要和想法，愿意与他人交谈，喜欢讨论自己感兴趣的话题；完整地讲述自己的所见所闻和经历的事情）。

具有文明的语言习惯（使用恰当的礼貌用语，根据场合调节自己说话声音的大小、语气）。

社会领域：

愿意与人交往（愿意或喜欢和小朋友一起游戏，有高兴的或有趣的事愿意与大家分享）。

能与同伴友好相处（想加入同伴的游戏时，能友好地提出请求；会运用介绍自己、交换玩具等简单技巧加入同伴游戏；能想办法吸引同伴和自己一起游戏；对大家都喜欢的东西能轮流使用、分享；活动时能与同伴分工合作，遇到困难能一起克服；与同伴发生冲突时能自己协商解决）。

具有自尊、自信、自主的表现（能根据自己的兴趣选择游戏或其他活动，能按自己的想法进行游戏或者其他活动，能主动发起活动或在活动中出主意、想办法）。

关心尊重他人（能注意到别人的情绪，并有关心、体贴的表现；能有礼貌地与人交往）。

喜欢并适应群体生活（对群体活动有兴趣，愿意并主动参加群体活动，在群体活动中积极、快乐）。

遵守基本的行为规范（遵守基本规则；理解规则的意义，能与同伴协商制定游戏和活动规则）。

科学领域：

在探究中认识周围事物和现象（能感知和发现物体和材料的软硬、光滑和粗糙等特性；能感知和体验不同天气、季节的特点，发现不同天气、季节对自己的生活和活动的影响；能感知和发现简单物理现象，如物体形态或位置变化等；能发现常见物体的结构与功能之间的关系）。

初步感知生活中数学的有用和有趣（体验和发现生活中很多地方都会用到数学；感知和体会有些事物可以用数来描述；发现生活中许多问题都可以用数学的方法来解决）。

感知和理解数、量及数量关系（能用数词描述事物或动作，会用数词描述事物的排列顺序和位置）。

感知形状与空间关系（感知物体基本的空间位置与方位，理解上下、前后、里外等方位词；能使用上下、前后、里外、中间、旁边等方位词描述物体的位置和运动方向；辨别自己的左右）。

艺术领域：

喜欢自然与生活中美的事物（容易被自然界中的鸟鸣、风声、雨声等好听的声音所吸引，乐于收集美的物品或向别人介绍所发现的美的事物）。

喜欢进行艺术活动并大胆表现（经常自哼自唱或模仿有趣的动作、表情和声调；经常唱唱跳跳，愿意参加歌唱、律动、舞蹈、表演等活动；能用多种工具、材料或不同的表现手法表达自己的感受和想象）。

具有初步的艺术表现与创造能力（能跟随熟悉的音乐做身体动作，能用声音、动作、姿态模拟自然界的事物和生活情景，能通过即兴哼唱、即兴表演或给熟悉的歌曲编词来表达自己的心情，能用律动或简单的舞蹈动作表现自己的情绪或自然界情景）。

■ **游戏**

语言领域：

认真听并能听懂常用语言（别人对自己说话时能注意听并做出回应，有意识地听与自己有关的信息）。

愿意讲话并能清楚地表达（愿意表达自己的需要和想法）。

具有文明的语言习惯（别人对自己说话时能注意听并做出回应，使用恰当的礼貌用语，根据场合调节自己说话声音的大小、语气）。

社会领域：

愿意与人交往（愿意或喜欢和小朋友一起游戏，有高兴的或有趣的事愿意与大家分享）。

能与同伴友好相处（想加入同伴的游戏时，能友好地提出请求；会运用介绍自己、交换玩具等简单技巧加入同伴游戏；能想办法吸引同伴和自己一起游戏；对大家都喜欢的东西能轮流使用、分享；活动时能与同伴分工合作，遇到困难能一起克服；与同伴发生冲突时能自己协商解决）。

具有自尊、自信、自主的表现（能根据自己的兴趣选择游戏或其他活动，能按自己的想法进行游戏或者其他活动，能主动发起活动或在活动中出主意、想办法）。

关心尊重他人（能注意到别人的情绪，并有关心、体贴的表现；能有礼貌地与人交往；关注别人的情绪和需要，并能给予力所能及的帮助；尊重为大家提供服务的人，珍惜他们的劳动成果；接纳、尊重与自己的生活方式或习惯不同的人）。

喜欢并适应群体生活（对群体活动有兴趣，愿意并主动参加群体活动，在群体活动中积极、快乐）。

遵守基本的行为规范（遵守基本规则；理解规则的意义，能与同伴协商制定游戏和活动规则）。

艺术领域：

喜欢自然与生活中美的事物（容易被自然界中的鸟鸣、风声、雨声等好听的声音所吸引，乐于收集美的物品或向别人介绍所发现的美的事物）。

喜欢进行艺术活动并大胆表现（经常自哼自唱或模仿有趣的动作、表情和声调；经常唱唱跳跳，愿意参加歌唱、律动、舞蹈、表演等活动；能用多种工具、材料或不同的表现手法表达自己的感受和想象）。

具有初步的艺术表现与创造能力（能跟随熟悉的音乐做身体动作，能用声音、动作、姿态模拟自然界的事物和生活情景，能通过即兴哼唱、即兴表演或给熟悉的歌曲编词来表达自己的心情，能用律动或简单的舞蹈动作表现自己的情绪或自然界情景）。

■ **学习**

语言领域：

认真听并能听懂常用语言（能听懂日常会话，听不懂或有疑问时能主动提问）。

愿意讲话并能清楚地表达（能大方地与人打招呼，愿意表达自己的需要和想法，愿意与他人交谈）。

具有文明的语言习惯（能在成人的提醒下使用恰当的礼貌用语，别人讲话时能积极主动地回应）。

具有初步的阅读理解能力（能根据连续画面提供的信息，大致说出故事的情节；对看过的图书、听过的故事能说出自己的看法；初步感受文学语言的美）。

具有书面表达的愿望和初步技能（愿意用图画和符号表达自己的愿望和想法，会正确地书写自己的名字）。

社会领域：

遵守基本的行为规范（感受规则的意义，并能遵守规则）。

能与同伴友好相处（知道别人的想法有时和自己不一样，能倾听和接受别人的意见，不能接受时会说明理由）。

具有自尊、自信、自主的表现（能根据自己的兴趣选择游戏或其他活动；在活动中出主意、想办法；敢于尝试有一定难度的活动和任务；与别人的看法不同时，敢于坚持自己的意见并说出理由）。

喜欢并适应群体生活（对群体活动有兴趣，愿意并主动参加群体活动，在群体活动中积极、快乐）。

遵守基本的行为规范（遵守基本规则；理解规则的意义，能与同伴协商制定游戏和活动规则；能认真负责地完成自己所接受的任务）。

具有初步的归属感（积极参加集体活动；愿意为集体做事，为集体的成绩感到高兴；能感受和体会到家乡的发展变化并为此感到高兴）。

科学领域：

亲近自然，喜欢探究（动手动脑探索物体和材料，动手动脑寻找问题的答案，在探索中有所发现时感到兴奋和满足）。

有初步的探究能力（能用多种感官或动作去探索物体，关注动作所产生的结果；能对事物或现象进行观察比较，发现其相同与不同；能发现并描述不同种类物体的特征或某个事物前后的变化；能学习制订简单的调查计划，通过调查收集信息；能用数字、图画、图表或其他符号记录）。

感知和理解数、量及数量关系（能通过实际操作理解数与数之间的关系，能借助实际情境和操作理解“加”和“减”的实际意义，能用简单的记录表、统计图等表示简单的数量关系）。

艺术领域：

喜欢欣赏多种多样的艺术形式和作品（观看自己喜欢的文艺演出或艺术品，有模仿和参与的愿望；欣赏艺术时常常用表情、动作、语言等方式表达自己的理解；能和别人分享、交流自己喜爱的艺术作品和美感体验）。

喜欢进行艺术活动并大胆表现（愿意参加歌唱、律动、舞蹈、表演等活动；用绘画、捏泥、手工制作等多种方式表现自己的所见所想；能用多种工具、材料或不同的表现手法表达自己的感受和想象；在艺术活动中能与他人相互配合，也能独立表现）。

第五章

行为观察法在幼儿发展评价中的运用

本章导航

幼儿发展评价的理念、目标和内容

幼儿发展评价的具体方法

行为观察法在幼儿发展评价中的运用

教育评价是指为实现特定的教育目标，进行系统的资料收集与整理，运用科学的评价手段与方法，对教育过程与教育结果做出价值判断的过程。教育评价的主要目的是提升教育质量，同时教育评价还能够为政府机构制定教育决策提供依据①。学前教育是隶属于基础教育的一个特定的学段，同样符合一般教育规律，因此，学前教育评价也是学前教育事业的重要组成部分。2001 年教育部基础教育司颁布的《幼儿园教育指导纲要（试行）》明确指出："教育评价是幼儿园教育工作的重要组成部分，是了解教育的适宜性、有效性，调整和改进工作，促进每一个幼儿发展，提高教育质量的必要手段。"作为中国学前教育领域的纲领性文件，《幼儿园教育指导纲要（试行）》对学前教育评价的阐述，充分肯定了教育评价在学前教育研究与实践中的重要地位。

通过文献整理发现，我国学前教育评价主要有三类：一是对幼儿发展的评价，二是对教师教育教学实践的评价，三是对学前教育机构质量的评价。在这三类学前教育评价的研究与实践中，行为观察一直是最常用的评价方法之一。本章将主要阐述与本教材关系比较紧密的幼儿发展评价的问题，第一节主要探讨行为观察法在幼儿发展评价实践中是如何运

① 周欣．托幼机构教育质量的内涵及其对儿童发展的影响．学前教育研究，2003（8）：45.

用的，第二节系统地对国内外学前教育领域运用较为广泛且信度、效度较高的行为观察案例进行介绍。

第一节　作为幼儿发展评价方法的观察法

一、幼儿发展评价工具概述

对幼儿进行长期的、持续的、系统的行为观察和记录并展开分析是幼儿园教师制订课程计划的依据，也是提高质量的有效途径。除此之外，教师在验证课程计划有效性的过程中，也需要通过观察来收集有关幼儿发展状况的各类信息，并对其进行价值判断，即对幼儿的发展水平进行评价。根据以往的研究与实践工作，国内外的学前教育机构正在使用大量的评价工具来开展幼儿发展评价工作，比如幼儿行为检核表、行为量表、发展记录、档案袋、视觉测评系统、语言发展测评表、社会技能测评量表、个性测验、发展筛查量表等。运用这些工具对幼儿发展进行评价时，有些需要用到观察法，有些则并不需要使用观察法；有些需要专业人员来执行，有些则只需家长或教师完成；有些在自然情境下完成，有些需要在实验室条件下完成。但上述大多数工具并不适合幼儿园教师来使用，或者说，它们并不能有效地协助一线教师完成课程设计与幼儿发展评价的工作。

幼儿发展评价是依据学前教育目标以及与之相适应的幼儿发展目标，运用教育评价的理论和方法，对幼儿身心各方面的发展进行价值判断的过程①。具体来说，幼儿发展评价的主要目的是诊断幼儿发展水平和提高幼儿园教育质量，其主要评价内容是幼儿的身体、认知、情感和社会化的发展水平，评价主体是教师和家长，评价的方法以观察法为主，质性和量性信息均需采集。在幼儿园教育质量提升和发展的过程中，对幼儿进行发展评价是监控和提高幼儿园教育质量的重要手段，也是幼儿园教育质量评价的重要组成部分。具体来讲，幼儿发展评价的理念、具体内容、实施方法等关键问题都与幼儿园教育质量有着密不可分的关联。

我国幼儿发展评价的研究注重介绍发达国家先进教育理念和文化。比如：发展适宜性教育和后现代主义思潮对我国幼儿发展评价的影响主要体现为树立以幼儿发展为本的评价观，包括注重差异性评价，构建多样化与个性化相统一的评价内容，采用个体化的评价标

① 刘焱，何梦焱，李苏，等．“托幼机构环境评价量表”述评．学前教育研究，1998（3）：18-20.

准，倡导以观察和描述为基础的评价方法等[①]。加德纳的多元智能理论是目前我国在幼儿发展评价中运用最广的理论。加德纳多元智能理论的评价观认为：人的智能是多元的，每个正常人都至少拥有八种程度不同且相对独立的智能；评价要帮助识别幼儿的智能强项和弱项，进而在充分肯定其智能强项的基础上，针对弱项采取有效的补救措施，扬长避短，达到促进幼儿发展的目的。注重主体性评价的建构主义对我国幼儿发展评价的影响也很深远，它强调幼儿的积极参与，以幼儿自我建构和评价为核心，具有民主性、形成性、开放性和多元性的特点[②]。

幼儿发展评价理论从注重结果评价渐渐转向注重过程评价，从关注量性评价到关注质性评价，再到量性与质性相结合。在我国幼儿发展评价发展的实践历程中，最初的幼儿发展评价只是简单的定性描述，20 世纪 80 年代我国引进泰勒的目标导向评价模式和西方的标准化测验，量性评价代替了质性评价，实证主义范式垄断了整个教育评价领域包括幼儿发展评价领域。之后，在发展适宜性教育思想的影响下，幼儿发展评价渐渐地从关注量性评价走向关注质性评价，体现出了过程取向的评价理念。

在我国的幼教领域，幼儿发展评价的内容十分丰富，并且呈现出从注重知识技能方面向重视幼儿发展的其他方面（如积极尝试、独立自信、主动探索的精神，大胆交往、自我表达的能力，爱惜物品、关心他人的情感等）过渡的趋势。比如，胡箭的研究中提到用观察力、注意力、想象力、记忆力、思维力等维度的指标来评估幼儿的智力[③]。龙建秋等人在其有关幼儿想象力测试及分析的研究中提出，几何图形拼合测试可以评估幼儿想象力，对此分析了 4～7 岁幼儿再造性想象和创造性想象能力的情况[④]。刘宝根在其研究中探讨了评定幼儿创造性的三个标准，即新颖独特性、价值、目的[⑤]。在幼儿社会、情感评价内容方面，张文斓分析了七种评估幼儿同伴关系的方法[⑥]。有关幼儿情绪、社会适应能力、日常行为习惯等方面的评价，傅宏提出了幼儿情绪性思维惯性评价量表[⑦]、幼儿社会适应能力状况评价量表[⑧]和幼儿日常行为习惯评价量表[⑨]。

---

① 刘焱．试论托幼机构教育质量评价的几个问题．学前教育研究，1998 (3)：14－17.
② 加德纳．多元智能．沈致隆，译．北京：新华出版社，1999.
③ 胡箭．幼儿智力评估方法初探．学前教育研究，1996 (1)：28－31.
④ 龙建秋，余森森．让幼儿张开想象的翅膀：幼儿想象力测试及分析．幼儿教育，2003 (9)：8－9.
⑤ 刘宝根．儿童创造性行为评定的个体化标准初探．早期教育，2003 (10)：10－11.
⑥ 张文斓．儿童同伴关系评估方法析评．幼儿教育，2003 (12)：6－7.
⑦ 傅宏．幼儿情绪性思维惯性评价量表．早期教育，2000 (12).
⑧ 傅宏．幼儿社会适应能力状况评价量表．早期教育，2000 (6).
⑨ 傅宏．幼儿日常行为习惯评价量表．早期教育，2000 (20).

二、在幼儿发展评价中运用观察法

幼儿发展评价的方法是指收集评价信息的方法[①]。在幼儿发展评价方式上主要以个案观察记录、事件取样观察、时间取样观察、轶事记录和档案袋评价法为主，这些评价方式都是通过不断的观察，对幼儿自然流露的行为进行原始的、真实的记录，保存幼儿的学习过程和作品，获得大量具体真实的信息，进而对幼儿各方面的发展进行非统一标准的描述性评价。比如龙建秋等人在幼儿想象力测试及分析中采用了情境观察法，即在自然情境中，让幼儿拼合几何图形，以此来测试幼儿的想象力。他们提倡真实评价或情境化评价模式，即在幼儿真实生活情境中和幼儿园所提供的教育教学情境中对幼儿进行评价，关注幼儿解决问题的动态过程。

在众多幼儿发展评价的方法中，档案袋法特别值得关注。它是一种综合性的评价方法，兼容了许多具体的评价方法，包括自然观察法、谈话法、问卷调查法等，是目前幼儿园最常用的方法，属于质性评价方法。它通过教师有计划、有目的地收集和积累幼儿的各种作品和相关资料（包括幼儿的作品或幼儿完成某一作品过程的描述或记录、幼儿的自评、教师对幼儿的评价、同伴的评价及家长的评价），展示幼儿在一个阶段内的发展过程，为幼儿发展水平的评估提供全面、丰富、生动的信息。因此，放入档案袋的作品或资料目的性较强，而做出是否放入档案袋这一决定的主体，不仅是教师，还应该包括幼儿自身，甚至家长。与客观测验方法相比，档案袋评价不仅可以关注幼儿技能和知识方面的发展水平，还能够追踪幼儿在社会情绪、情感态度方面的发展。档案袋评价的结果是对幼儿在某个阶段发展情况的整体性呈现，教师的评语与模糊的等级评定是呈现结果的主要方式，而不能一味地追求单一、明确的评定等级[②]。应该说，“过程”或者“幼儿发展的过程”才是档案袋评价的精髓。

档案袋评价法起源于传统视觉艺术领域，艺术家将能够表现其个人风格的作品挑选出来，形成一份作品集，它可包含的内容十分丰富，可以从不同的角度展现艺术家的创造性与专业水平[③]。基于这些优点，运用此方法的艺术家逐渐增多，扩展到了音乐家、设计师和摄影家等。而在教育评价的浪潮中档案袋评价崭露头角的历史背景略有不同。以标准化测验或者测量为主导的教育评价方法受到了来自多方面的质疑，主要原因是当时所推崇的客观测试脱离了现实情境，忽略了被评价者的主动性，因此，20 世纪 80 年代，档案袋法

① 刘焱．试论托幼机构教育质量评价的几个问题．学前教育研究，1998（3）：14－17.

② 姚伟，崔迪．当前幼儿园档案袋评价存在的问题与解决对策．学前教育研究，2007（2）：31－33.

③ HARRIS M E. Implementing portfolio assessment. Young children，2009（3）.

在美国兴起，其优势受到广泛关注与认可，发展迅速。进入21世纪，我国教育工作者开始关注这一评价方法，学前教育工作者也开始将其作为一种幼儿发展评价方法在实践中探索与尝试。

在对我国关于运用档案袋法进行幼儿发展评价的研究进行梳理后发现，我国学者大多认为，档案袋评价的理论基础主要有两个：一是由加德纳提出的多元智能理论，二是传统的建构主义理论[①]。近年来所发表的研究主要可以被分为理论层面和实践层面两类，理论层面的研究主要涉及对幼儿成长档案内涵、类型以及功能的系统介绍，而实践层面的研究主要涉及幼儿园教师运用档案袋的行动、实施策略以及对实践的反思。

在档案袋评价的过程中，观察法一直起到了重要的作用。一般来讲，幼儿成长档案袋中，都会包含教师对幼儿行为的观察记录以及对幼儿作品的说明。轶事记录、事件取样、谈话以及作品分析等具体的方法经常被使用，也是档案袋评价的主要实施策略。档案袋评价将全程以“观察”为核心，真实记录幼儿发展的过程，而之后对记录内容的整理与分析，既是撰写评语的依据，也是深入研究幼儿的依据。而从文献中看，目前我国的幼儿园教师在运用档案袋评价的过程中，在基本的与观察相关的技术问题方面存在不足，比如，如何选择作品，如何进行作品分类，如何对作品进行说明，如何记录、记录什么，如何解读，等等[②]。

第二节 观察法在幼儿发展评价中运用的案例

一、高宽课程中的儿童观察记录

高宽课程（又译为高瞻课程、海伊斯科普课程）是20世纪60年代美国在“向贫穷宣战”的战略行动中被提出的一项针对处境不利幼儿的公立学前教育项目。经过半个多世纪的理论研究与实践探索，该课程已经成为全世界公认的一套非常经典且优秀的幼儿园课程模式。大量的实证研究已经证明了优质的学前教育将产生惊人、长期的积极效果，而这些积极效果既作用于个体发展本身，同时也作用于社会发展。我们之所以在此教材中介绍这一课程，不仅仅是因为高宽课程所产生的长期深远的积极影响，而且是因为高宽课程中包含一整套评价工具，该评价工具包括《儿童观察记录量表》与《项目质量评估量表》。《儿童观察记录量表》是该课程模式中用于评估幼儿发展的工具，与传统的技能评估工具不

① 周欣．表现性评价及其在学前教育中的应用．学前教育研究，2009（12）：28－33.
② 姚伟，崔迪．当前幼儿园档案袋评价存在的问题与解决对策．学前教育研究，2007（2）：31－33.

同，该工具强调广义的认知、社会情绪能力与身体健康。而其评价结果主要用于帮助教师更高效地满足幼儿的发展需要，同时满足群体生活中个别幼儿的个性化需求。

（一）高宽课程简介

幼儿应该“主动学习”是高宽课程所崇尚的基本理念。高宽课程以皮亚杰的认知发展理论、杜威的进步主义教育哲学思想以及维果茨基的鹰架学习与社会文化理论为理论基础，同时，大量的幼儿认知发展研究结果以及经过验证的教学实践不断地为高宽课程提供理论依据，最终形成一套包括四个组成部分的学前教育课程模式。这四个组成部分为教学实践、课程内容、幼儿发展与项目质量评估工具以及教师培训模式。

幼儿将通过与人、材料、事件、思想的直接或间接互动发现知识、建构认知并掌握技能。这是高宽课程长期以来坚信不疑的教育理念。高宽课程所提出的主动参与式学习主要包括五个要素：材料、操作、选择、语言与思维以及鹰架（成人的支持）。高宽课程内容以美国教育目标小组所界定的入学准备的五个方面为核心，即学习方式、语言（读写）与交流、社会情绪发展、身体健康与运动发展以及艺术与科学。其中，艺术与科学领域细分为数学、科学和技术、社会学习和艺术。这五大领域具有同等的重要性且贯穿个体发展的一生，因此，也被称为“入学准备”的重要领域。

58条关键发展性指标是高宽课程的主要内容，教师运用这些指标来指导教学活动的组织与实施，包括环境布置、设计教学计划、投放材料、行为观察以及师幼互动等。这58条关键发展性指标如表5-1所示。在教学实践部分，高宽课程的一日常规以“计划—工作—回顾”为线索，儿童首先选择要做什么，然后通过操作材料来实现他们的想法，最后通过与成人、同伴的交流来反思自己的活动。高宽课程的评估工具包括两个部分——《儿童观察记录量表》与《项目质量评估量表》。教师每天都要通过书面描述与轶事记录的方式来客观呈现幼儿的行为。最后，高宽课程同样采用了主动学习的原则对教师进行培训，包括阅读理论、开展研究以及练习并探讨各种教学策略。

表5-1　高宽课程58条关键发展性指标

领域	关键指标
I. 学习方式	1. 做出选择、计划和决定，并表达出来 2. 解决游戏中遇到的问题
II. 语言（读写）与交流	3. 向别人讲述对自己有意义的体验 4. 描述物体、时间和关系 5. 从语言的运用中获得乐趣：听故事和诗歌，编故事和儿歌 6. 用各种方式进行书写：画，涂，使用类似字母的符号，自创拼写及正确拼写 7. 通过各种方式阅读：阅读故事书、标志和符号 8. 口述故事

续表

领域	关键指标
III. 社会情绪发展	9. 关照自身需求 10. 用语言表达情感 11. 与其他儿童和成人建立人际关系 12. 创造和参与合作游戏 13. 处理社会性冲突
IV. 身体健康与运动发展	14. 非移动性运动（原地运动）：屈体、转体、扭动、晃胳膊等 15. 移动性运动（非原地运动）：跑、跳、踏步、爬等 16. 携物运动 17. 在运动中表现创造力 18. 用语言描述运动状态 19. 按指令运动 20. 感受和表达稳定的节拍 21. 按统一的节拍连续运动
V. 艺术与科学——序列	22. 对物体的各种属性（大/小、长/短等）进行比较 23. 将多个物体按序列或形状样式一个一个地进行排列，并描述它们之间的关系（大/更大/最大、红/蓝/红/蓝） 24. 通过试误法将一组按序排列的物体与另一组按序排列的物体进行匹配（小杯子/小碟子、中杯子/中碟子、大杯子/大碟子）
V. 艺术与科学——数字	25. 比较两组物品的数量，判断谁多谁少，或者是不是一样多 26. 将两组物体一一对应 27. 计算物体的数量
V. 艺术与科学——空间	28. 填满和倒空 29. 拆装物体 30. 改变物体形状和排列（包裹、弯曲、拉长、垒高和围绕） 31. 从不同的空间视角观察人、场地和物体 32. 在游戏场、楼房和社区中体验并描述物体的空间位置、方向和距离 33. 解释绘画、图片和照片中的空间关系
V. 艺术与科学——分类	34. 通过视觉、听觉、触觉、味觉和嗅觉来认识物体 35. 探索和描述事物的相同点、不同点及属性 36. 辨认并描述形状 37. 分类和一一对应 38. 用多种方式使用和描述物体 39. 同时注意事物的多种属性 40. 区分“一些”和“全部” 41. 描述事物所不具备的特征或者它不属于的类别
V. 艺术与科学——时间	42. 按信号开始或停止动作 43. 体验和描述不同的运动速度 44. 体验并比较时间间隔的长短 45. 预测、记忆并描述事件的顺序
V. 艺术与科学——社会学习	46. 参与集体常规活动 47. 对他人的感受、兴趣和需要敏感

续表

领域	关键指标
V. 艺术与科学——视觉艺术	48. 将模型、图片和照片与真实场景和事物联系起来 49. 用黏土、积木和其他材料造型 50. 绘画和涂鸦
V. 艺术与科学——戏剧艺术	51. 模仿各种动作和声音 52. 玩假装游戏和角色扮演游戏
V. 艺术与科学——音乐	53. 随着音乐舞动 54. 探索和辨认声音 55. 探索歌声 56. 自创旋律 57. 唱歌 58. 演奏简单的乐器

资料来源：爱泼斯坦．学前教育中的主动学习精要：认识高宽课程模式．霍力岩，郭珺，等译．北京：教育科学出版社，2012.

（二）儿童观察记录量表

儿童观察记录量表是为幼儿设计的测量工具。教师将通过观察法，获取幼儿几周或者数月的日常活动行为记录，最终完成一份评价报告。为了解幼儿的发展水平，掌握幼儿的发展需求，在繁忙的幼儿园教室里开展传统的测试显然会降低效率，这种“要么正确，要么错误”的测试结果对于教师行为的指导作用十分有限，因为这个结果无法说明幼儿如何解决问题、如何与他人合作，也无法解释哪些问题幼儿解决不了、无法应对，甚至失去对自己行为与情绪的控制等。而高宽课程所提倡的评价方式属于真实性评价，这种评价方式更加自然，能够更为真实、准确地反映幼儿的行为特征与发展情况，同时，也能够为教师提供更多、更有价值的信息以帮助其改善教学实践。真实性评价的结果更为开放与多元，且评价一直贯穿于课程实施的过程，需要一段时间来完成，因此其结果也不是幼儿某一天或者某一时段的能力表现。由高宽课程开发并验证的两个真实性评价工具，一是用于观察记录幼儿（2.5～6 岁幼儿）的《幼儿观察记录量表》和观察记录婴幼儿-学步儿（6 周～3 岁幼儿）的《婴幼儿-学步儿观察记录量表》，统称儿童观察记录量表；另一个是用于评估幼儿读写能力的早期读写技能评估量表。以下主要介绍前一类儿童观察记录量表。

《幼儿观察记录量表》包括六大领域、32 个观察项目，《婴幼儿-学步儿观察记录量表》包括六大领域、28 个观察项目。《幼儿观察记录量表》中的六大领域包括：主动性、社会关系、创造性表征、运动和音乐、语言和读写以及数学和科学；《婴幼儿-学步儿观察记录量表》中的六大领域包括：自我意识、社会关系、创造性表征、运动、交流和语言以及探索和早期逻辑（见表 5－2）。值得注意的是，教师并非拿着一张印好这些领域与观察项目的表格对幼儿的行为进行评定，而是定期根据日常对幼儿所进行的轶事记录计分，计分等级为 1～5 分，即 5 个发展水平，从简单（1 分）到复杂（5 分）。教师还可以根据日常照片、幼儿作品以及其他形式的文件记录等信息计分。虽然教师无法每天对每一名幼儿进行每一个观察项目的记录，但每周都要对每个幼儿进行多次观察并记录。教师通过定期回顾轶事记录，保证每个孩子的行为都被记录到了每个观察项目下面，如发现遗漏，则要在接下来的几天内补齐相应的记录。每一学年教师需要对每一名幼儿完成 2～3 次的完整记录，比如在学期开始前、期中以及期末。

表 5－2　高宽课程儿童观察记录量表的观察条目

《幼儿观察记录量表》(2.5～6 岁)	《婴幼儿-学步儿观察记录量表》(6 周～3 岁)
主动性 (1) 做出选择和制订计划 (2) 运用操作材料解决问题 (3) 主动游戏 (4) 关照个人需要	自我意识 (1) 主动表达 (2) 区分自己和他人 (3) 解决问题 (4) 发展自我服务技能
社会关系 (5) 与成人交往 (6) 与其他儿童交往 (7) 解决人际冲突 (8) 理解和表达感受	社会关系 (5) 建立对主要照顾者的依恋 (6) 与陌生成人交往 (7) 与其他儿童交往 (8) 表达情感 (9) 对他人的感受做出回应 (10) 与其他人游戏
创造性表征 (9) 制作和搭建模型 (10) 绘画或涂色 (11) 假装游戏	创造性表征 (11) 假装游戏 (12) 探索建构材料和艺术材料 (13) 辨认图片和照片并做出反应
运动和音乐 (12) 以不同方式运动 (13) 携物运动 (14) 感受和表现稳定的节拍 (15) 随着音乐做动作 (16) 唱歌	运动 (14) 身体部位的运动 (15) 全身运动 (16) 携物运动 (17) 随着音乐做动作
语言和读写 (17) 倾听和理解语言 (18) 运用词汇 (19) 运用复杂的句式 (20) 意识到单词的发音 (21) 展现书中的知识 (22) 运用字母的名称和发音 (23) 阅读 (24) 书写	交流和语言 (18) 倾听并做出反应 (19) 进行非言语的交流 (20) 参与日常对话 (21) 说话 (22) 探索图画书 (23) 对故事、童谣和歌曲感兴趣

续表

《幼儿观察记录量表》（2.5～6 岁）	《婴幼儿—学步儿观察记录量表》（6 周～3 岁）
数学和科学 （25）分类 （26）辨认形状与样式 （27）比较属性 （28）计数 （29）辨认方位 （30）识别序列、变化和因果关系 （31）识别材料及其属性 （32）识别自然与生物	探索和早期逻辑 （24）探究物体 （25）探究分类 （26）发展对数字的理解 （27）探索空间 （28）探索时间

资料来源：爱泼斯坦．学前教育中的主动学习精要：认识高宽课程模式．霍力岩，郭珺，等译．北京：教育科学出版社，2012.

在对幼儿开展轶事记录的过程中，教师需要做到以下几点：首先，全面观察，比如记录幼儿选择了什么材料、如何操作材料、与同伴或者教师互动时说了什么、情绪如何等。还要利用高宽课程中的关键发展性指标来描述幼儿在活动中遇到的问题，如何解决问题，以及所表现出来的知识、技能与困难等。其次，教师不可能在繁忙的教室里记录每一个行为细节，也不可能准确地回忆每个幼儿一天所做过的事情和说过的语言，因此，要试着使用简短的关键词来完整地记录幼儿的行为，以便稍后再补充完整。轶事记录的概要包括事件发生的时间、地点，参与者，某个儿童做了什么、说了什么，事件的结果如何，等等。教师要习惯于使用缩写、短语并熟练地运用相机等技术手段。最后，教师必须始终保持客观，对幼儿的行为不做评论。

在高宽课程官方网站，《儿童观察记录量表》被更新为可以借助互联网进行数据分析、存储与分享的网络增强版，其六大观察领域被修改为九大领域，分别是：学习方式，社会情绪发展，身体发展与健康，语言、早期读写与交流，数学，艺术创造力，科学与技术，社会知识，以及英语为非母语幼儿的英语能力。其计分等级也由原来的五级变为八级（0～7 分）。其官网上还发布了一个科学与技术领域的观察项目案例，主要是关注幼儿的观察与分类能力。每个观察项目都会为教师提供一个简短的解释，然后标记每个发展水平的特点，并做一些行为记录（见案例 5-1）。

案例 5-1　科学与技术领域观察项目

领域：科学与技术

观察项目：观察与分类

解释：做一个好的观察者是新兴科学家发展的主要技能。婴幼儿用他们所有的感官去感知。幼儿开始将事物分类——大和小、吵闹和安静、粗糙和光滑，这里仅举几例。他们探索到人们、物体和事件的相似和不同之处。随着时间的推移，这些分类构建于大量属性和特征之上。

水平 0：幼儿使用不同感官探索物体

解释：幼儿使用一种或多种感官观察周围环境。多种多样的景象、声音、气味、味道、触感都能够引发儿童的兴趣。

行为记录：

内奥米从她的宝贝篮子中用嘴叼出一个刷子。

兰德尔用他的脸磨蹭光滑的球。

水平 1：幼儿使用声音或者手势命名物体

解释：幼儿通过发出“ba-ba”的声音代替瓶子，或者发出“bo-bo”的声音代替哥哥，从而将声音和事物相联系。因此，幼儿表现出万物均有名字的意识。

行为记录：

夏恩拿起她的毯子并发出“bee-bee”的声音。

阿尔文看到了头顶上装满玩具的包，并发出“moo”的声音，当他的照料者问：“你想和这些奶牛玩吗?”他点头并重复发出“moo”的声音。

水平 2：幼儿使用相同的词语命名多个物体

解释：幼儿可能过度概括某个种类的标签，对一组相似的物体使用同一个标签，例如，用狗来命名所有四条腿的动物。

行为记录：

西恩举起鸭嘴杯，喝掉杯中的牛奶并说：“嗯，橙汁。”

艾玛在操场上看到一只松鼠，她喊道：“小猫。”

水平 3：幼儿能够分类或匹配物体，可能把事物看作相同的或者不同的

解释：幼儿能够分类或匹配事物，并且可能表明事物之间是相同的还是不同的。幼儿在表达相同和不同关系时可能使用语言，例如，“这些分为一类”或者“那些不能归在这一堆”。在此水平上，幼儿还不能在分类的基础上阐释原因或者表明属性。

行为记录：

在清扫时间，夸恩看到恐龙玩具箱中有一个障碍物，他把恐龙玩具拿出，并说：“这些不能放在那里。”

在房间里，乔安娜把红色杯子和红色盘子放在一起，把蓝色杯子和蓝色盘子放在一起。

水平 4：幼儿能够根据特征来分类，并能够说明原因

解释：幼儿依据事物的共同属性（例如尺寸、颜色、质地、声音等）进行分类，并且能够说出事物的共同属性或者相似之处。幼儿在分类时也会偶尔犯错，或者幼儿的子分类可能与其他人的分类重叠（例如“水珠”和“大水珠”等）。

行为记录：

在小组工作时，亨利把篮子中的贝壳拿出，分为大小两堆。当老师递给他另一个贝壳时，他说：“它属于小贝壳这里，只有大贝壳才能放入另一堆。”

在玩玩具时间，卡丽把所有玩具小狗放在一起，把小猫放入另一堆。她说：“我在分离它们，小猫在这里，小狗在那里。有时候它们喜欢打架。”

水平5：幼儿依据两种特征分类，并且能够说明原因

解释：幼儿能够依据两种属性对事物分类，并陈述原因。例如，幼儿把所有闪闪发亮的四孔纽扣归为一组，并且能够说明用途。

行为记录：

在公园郊游时，查尔斯向老师展示收集到的石头，他说：“我在寻找所有小而光滑的石头，我真的很喜欢它们。”

在玩具区，沙恩卡说：“我想得到所有能够飞的黄色恐龙。它们都是我的小鸟。”她挑选出所有带有翅膀的黄色恐龙。

水平6：幼儿专注或重复观察某物，并且能够详细描述他的发现

解释：幼儿专注地研究某个事物，随后能够描述观察到了什么。在这一水平的评分中，幼儿必须描述多个细节。例如：幼儿描述土地有不同的颜色；有大小不同的石头；有潮湿的气味；有小虫子在里面蠕动；与背阴相比，朝阳的区域更加温暖。

行为记录：

埃兹拉捡起一片叶子进行研究，说道：“这是一片枫叶，我这么说是因为叶片上有些斑点，而且看起来像曲棍球队服。我最喜欢枫叶，因为它们会变色。看，这片以前是绿色。现在叶片上也有红色和黄色了。”

内奥米用放大镜观察一只在玻璃容器中的小虫，并将其与书中的昆虫图片进行对比。她说：“我认为这是一个甲壳虫。”随后，她用黏土、贝壳做了甲壳虫的触角和眼睛。她用牙签做了甲壳虫的腿。

水平7：幼儿把一个大类分为许多集合，并把集合分为许多子集，能够描述每个子集的特征，以及每个子集与整个种类、其他集合的关系

解释：幼儿的能力包括识别多种特性和子集。他能够将某一事物或物体细分为群体或子集，同时将各个群体区分开来。幼儿能解释每个群体与其他群体、整个种类的关联。例如，幼儿能够将生物分为植物和动物两类，进一步将动物分为宠物、农场动物和野生动物，能分辨一只猪应归为宠物还是农场动物。

行为记录：

泰勒作为一个建构者，完成了一个展现城市和乡村关系的任务。他阐释说："居民都需要房子。"他在城市画了一栋公寓，在乡村画了一座房屋。泰勒在城市画了一些街道，在乡村画了许多树。"许多地区都有街道和树木，但是乡村的树木更多。"在另一个场景的设想中，泰勒对比了城市和乡下的交通，随后他在城市中加入了一辆公共汽车和一辆火车。

在晨间工作时，艾瑞克利用维恩图来对比健康和不健康的食物。在健康的一边，他贴上了鸡蛋、沙拉和一个苹果。在不健康的一边，艾瑞克画上了冰激凌和糖果。他说："看，这是苹果味糖果，但是仍属于不健康食物，因为这是糖果。"在中间的部分，他放上了意大利面，并解释："这是对你健康有益的，但是如果多吃是有害的。"

二、作品取样系统

（一）作品取样系统概述

20 世纪 70 年代是美国学前教育蓬勃发展的年代，"开放"与"主动"是当时的关键词，幼儿园的教室被布置为一个充满各种学习机会的开放式环境，教师也开始意识到幼儿主动学习的可能性，并开始关注适合主动学习的环境创设。然而，在如此开放的学习环境下，如何评价幼儿的学习，如何评价幼儿发展的水平，又如何与家长沟通儿童的发展状况呢？作品取样系统的创始人麦索尔斯开始思考这些问题。在他的著作中，他表示，为了记录幼儿的学习情况，他想了很多办法，比如做大量的轶事记录，收集各类幼儿完成的作品等。但收集的幼儿作品很快把办公室堆满了，而呈现给家长的大量的轶事记录也显得凌乱，没有头绪，毫无重点。带着这些问题，麦索尔斯在新的工作岗位上开始探索不同于传统测验评价的儿童发展评价方法①。

经过研发团队的共同努力，作品取样系统逐渐完成，它是真实性表现评价的一种，其主要目的在于记录幼儿在教室里学习与活动的真实经验，教师将利用这些珍贵的信息，一是为更好地满足幼儿发展的需要而调整教学计划；二是评价幼儿的知识、行为与技能，并与其家长沟通。因此，作品取样系统也是一种嵌入课程的评价方式，通过对幼儿在认知、社会情绪以及体能等方面发展过程的监督来协助教师开展教学。同时，它也适用于各种类

① 麦索尔斯，迪希特尔米勒，雅布隆，等．作品取样系统：教室里的真实性表现评价．廖凤瑞，陈姿兰，译．南京：南京师范大学出版社，2009.

型的幼儿，包括具有特殊需求的幼儿或者处境不利的幼儿。

作品取样系统适用于3岁至小学五年级的儿童（共八个年龄段），包括三个互相关联的组成部分：发展指引与检核表、档案以及综合报告。作品取样系统主要关注幼儿的七大发展领域：个人与社会发展、语言与读写、数学思维、科学思维、社会文化、艺术以及体能发展与健康。每学年将收集三次数据，分别在学期初、学期末和学年末。所有评价均发生在真实的情境中，幼儿自由运用已经学会的知识或技能。另外，此评价方式避免了将幼儿的发展水平与常规模式进行比较，而是追踪幼儿自身的发展历程，教师可以总结其优势与弱势领域，用丰富的资料与多元的信息向家长呈现幼儿的学习与发展状况。在各个评价项目的评定过程中，教师会给出三个层面的信息：一是幼儿的表现，是“符合期望”还是“需要加油”；二是发展的进步程度，是“符合期望”还是“异于期望”；三是综合评述，教师通过呈现对幼儿行为的观察记录，来说明之前评定结果的原因，并描述未来帮助幼儿发展的计划。

（二）作品取样系统的内容

1. 发展指引与检核表

发展指引是一套评价儿童表现的合理期望[①]。发展检核表是依据发展指引所罗列的表现指标体系来总结教师的观察结果。它们的主要目的是将教师对幼儿行为的关注聚焦在某些核心经验上，而且还能够根据观察结果进行水平的评价，同时也能够协助教师管理观察记录，进而规划课程与教学。教师在积累了一段时间的观察记录后，要回顾并重新审视观察记录，总结幼儿的行为特点，然后评价幼儿发展的状况。

发展指引与检核表的框架结构包括七个领域，每个领域都有数个子领域，而每个子领域还会有一些表现指标，表现指标就是教师需要评价的具体的行为、表现和技能等。以下是3～4岁小班幼儿发展指引中个人与社会发展领域的部分指标（见表5-3）。

表5-3　3～4岁小班幼儿发展指引中个人与社会发展领域部分指标

领域	子领域	部分指标
自我概念	展现自信 独立从事活动	吃点心时，能与他人交流 很快乐地单独游戏
自我控制	在指导下遵守简单的教室规则和一日常规 开始小心地使用材料 能适应活动的转换	能够耐心等待轮流游戏 彩色笔只会画在纸上，而不是其他地方 对于活动转换的信号有积极反应

① 赵连光，郭力平，陈柯汀．作品取样系统的发展及在美国早期教育中的运用与评析．早期教育（教科研版），2015（4）：17-21.

续表

领域	子领域	部分指标
学习方式	对学习有热忱与好奇 短暂地专注做一件事，遇到问题能够寻求帮助 做事有目的和创意	尝试各种拼图，或喜爱听新故事 在放弃某个动作前，会先尝试几次 看到黄色与蓝色混合变成绿色时，感到很兴奋
与他人互动	与一位或一位以上幼儿互动 与熟悉的成人互动 能参与教室里的团队生活 对他人表现同情与关心	与其他幼儿一起玩玩具 回应老师的问题 从家里带来喜爱的玩具与他人分享 帮助一位打翻东西的小朋友
解决人际问题	需要解决冲突时，会寻求成人的协助	当别人抢走玩具时，会找成人帮忙

资料来源：黄双雷.《作品取样系统：教室里的真实性表现评价》评介.早期教育（教师版），2010（2）：16-17.

教师在填写发展检核表时，通过回顾观察记录，做出等级的判断。等级分为三个：尚未发展、发展中以及熟练。此外，在检核表的背面，还提供了各个等级的说明，封面还留有空间让教师写评语。

教师在使用发展指引与检核表前，需要仔细阅读并熟悉发展指引的具体内容，并且掌握一定的观察技能，还要建立存储资料的系统。麦索尔斯在其著作中建议教师根据发展指引中的领域来举例子，并且与同事或者以小组的形式来讨论这些例子，这样能够更为准确地抓住各领域的核心，扩充指导手册中的案例。另外，对观察的理解也是教师完成作品取样评价的核心。值得注意的是，在作品取样评价过程中，教师一直是处于“有意图”的观察过程中，并且伴随着倾听来研究幼儿的行为或者作品。麦索尔斯提出，特别值得教师关注的是幼儿如何提问、如何解决问题、如何使用材料、如何表达等。教师还可以与幼儿交流他们的作品，仔细倾听他们的想法与意图。发生在教室环境中的行为应该是值得研究的素材，因为教室是幼儿相对熟悉的环境，是能够感到安全的环境，也是教师可以获得最可靠和准确信息的地方。因此，在教室里开展持续的观察，可以让教师见证幼儿的重复练习、技能与知识的展示以及解决问题的过程（包括态度与具体策略），它是作品取样系统的核心。当然，这里的观察并没有规定教师必须使用某种观察方法，教师可以根据实际情况，挑选适合的观察方法与观察工具，还可以自编观察表格。

2. 档案

作品取样系统中的档案部分与我们之前介绍的档案袋评价有很多相似之处。首先，教师都是通过收集幼儿的代表作来建立成长档案的。建立档案的目的也相同，一是展现幼儿发展的历程与水平，二是帮助教师规划教学实践。其次，在操作过程中，教师需要在课程规划中将收集作品的意图考虑在内，教师要定期且有规律地收集、追踪并整理作品，还要对作品进行批注。再次，教师还要鼓励幼儿参与到选择作品的任务中来，将幼儿喜爱的作品放入档案。最后，作品的选择标准也很类似，比如能够反映幼儿学习过程与学习方法的作品、能够反映幼儿发展水平的作品等。

而作品取样系统的档案必须包括两个部分，即核心项目与个人项目。核心项目是指五大领域中的一些特定学习目标。五大领域包括：语言与读写、数学思维、科学思维、社会文化以及艺术。而整个系统所设置的七大领域中的个人与社会发展、体能发展与健康领域，可以通过直接观察与检核表评价的方式完成评价，因此并没有放在档案这个部分中。学习目标是为了帮助教师收集相应的核心项目的作品而设置的，同时还设置了一系列幼儿作品的说明与实例。当然，有些教师会自己定义学习目标，有些则从系统中直接选用。表5-4呈现了系统设置的社会文化领域的学习目标与幼儿作品说明，供参考①。

表5-4　作品取样系统社会文化领域的学习目标与幼儿作品说明

社会文化领域学习目标	幼儿作品说明与实例
有关家人和校区的资料	√ 家庭成员的图画或剪贴作品 √ 在参观医院或警察局后画下的所见所闻 √ 画下或写下的全家旅行的情况 √ 照片显示幼儿在自主游戏区扮演家庭成员 √ 幼儿用积木搭建飞机、房子等的照片
有关小区中的人物角色的资料	√ 幼儿访问学校保安、校长、医师、营业员的记录 √ 记录幼儿在集体讨论中对小区工作人员的工作的讨论 √ 轶事记录描述幼儿参观商店后的角色扮演 √ 照片显示幼儿搭建的火车，或教师对幼儿所搭建的商店所画的图
自己与家庭的知识	√ 幼儿描述家长工作和游戏的情形，并画出来 √ 说出有关家庭聚会、旅行或者讨论问题的情形 √ 幼儿制作有关家庭活动的剪贴画 √ 显示幼儿与家庭成员互动的照片并带有批注 √ 关于幼儿描述在家里谁做什么事情、怎么做的轶事记录
人与人之间的相似与不同	√ 画一下相互有差异的朋友 √ 幼儿说出人们相似与不同的地方 √ 描述幼儿在吃点心时间讨论彼此家庭活动相同与不同地方的轶事记录

资料来源：麦索尔斯，迪希特尔米勒，雅布隆，等．作品取样系统：教室里的真实性表现评价．廖凤瑞，陈姿兰，译．南京：南京师范大学出版社，2009.

作品取样系统要求教师每个领域收集两个学习目标的核心项目，一般作品一年收集三次，教师能够根据这三个不同时期收集来的作品评价幼儿前后的发展表现。另外，教师还必须在课程规划过程中，根据学习目标设计教学，并制订收集作品的计划。这就是"嵌入课程的评价"的真实写照。还需关注的是，档案并不是用来呈现"年度最佳作品"的，也

① 于开莲，焦艳．两种学前教育评价新方案的对比：多彩光谱评价方案与作品取样系统．学前教育研究，2009（8）：9-12.

不是用来展现最美或者最受欢迎的作品的，它们都是幼儿日常活动中的“代表作”，而非“最优作品”，一般要能够反映幼儿最为真实的发展状况。虽然教师在学期初所设立的学习目标对所有幼儿都适用，但教师所收集到的每位幼儿的核心项目会带有明显的个体差异。比如，在数学思维领域中的按颜色分类的学习目标上，幼儿 A 分类的是不同颜色的积木，幼儿 B 分类的是不同颜色的弹珠，虽然两位幼儿所操作的材料不同，但所反映的学习目标基本相似，当然，幼儿所选择的材料也反映了幼儿的兴趣和他们当时参与的活动类型。

除了核心项目之外，个人项目是档案中的另一个组成部分，个人项目不需要教师在课程规划中事先计划，也不限于某一特定的领域。个人项目中的作品主要反映的是儿童特殊的兴趣、才能、学习方式以及重要成就等信息。作品取样系统建议教师在每个收集期至少收集 5 个个人作品。比如，一个 4 岁的幼儿对火车特别关注，那么他就能说出与火车或者火车站相关的一系列名词（动车、高铁、磁悬浮等）。又比如，一个 6 岁的幼儿能够在圣诞节用钢琴弹奏简单的圣诞乐曲，教师也可以收集这样的展示特殊才能的个人项目。另外，个人项目中教师还需要特别关注幼儿的某个值得记录的发展节点。比如：一个十分害羞的幼儿第一次独立完成了在大家面前进行天气预报的任务；而对于另一个幼儿来说，第一次连续拍皮球超过五下，也是值得教师记录的有意义的瞬间。对于一线教师来讲，要准确地呈现幼儿的学习与发展是十分困难的，需要事先计划与即时反应相结合，需要对幼儿的学习与发展以及各个领域的发展指引与学习目标熟记于心。而即便如此，也未必就能够顺利地完成作品取样，因为幼儿的行为有时很难准确反映他们的思考过程，而在参与能够反映其学习与发展的活动中，也未必就一定有作品呈现。因此，教师需要用自己的聪明才智，采用多种手段来记录，包括手绘、拍照、录像等。

下面我们来计算一下档案袋中教师需要收集的项目数量（见表 5－5）。对于核心项目，每个领域至少收集 2 个项目，共 5 个领域，每学年收集 3 次；对于个人项目，每个幼儿收集 5 个项目，每学年共收集 3 次；因此每个档案袋中应该共有 45 个项目。如果教室里有 30 名幼儿、两位带班教师的话，要完成作品取样系统中的档案袋任务，则每学年共需要收集 1 350 个项目，平均每位带班教师要完成 675 个项目的收集工作。这对于一线教师来讲还是很有挑战的工作。但如果在师生比没有那么高的西方发达国家，其优势和对幼儿发展的促进作用还是极其明显的。

表 5－5　档案袋的项目数量计算

	核心项目	个人项目
计算方式	每个领域收集至少 2 个项目，共 5 个领域，3 个收集期	每个幼儿收集 5 个项目，3 个收集期
项目总数	5×2×3=30	5×3=15

3. 综合报告

综合报告是作品取样系统的最后一个组成部分，它取代了传统测量中成绩单的表现形式，更加适合反映幼儿的发展状况。一般综合报告有两种形式，一是标准版（见表5－6），二是叙述版（见表5－7）。教师可以根据实际情况选择版本。除了最为基本的幼儿信息之外，标准版包括每个领域与功能项目幼儿表现的评定等级以及教师的评语，而叙述版只有教师的评语。一般报告一式三份，一份交给学校存档，一份在与家长沟通后交给家长，第三份由教师保管。有些学前教育机构要求教师一学年撰写三次综合报告，分别是学期初、学期末和学年末；有些机构则只需要在学年末完成综合报告①。

表5－6　作品取样系统标准版综合报告

<table>
<tr><td colspan="3">幼儿姓名：
教师：
学校：
出席天数：</td><td colspan="2">年龄：
日期：

迟到天数：</td><td colspan="3">学期初□
学期末□
学年末□</td></tr>
<tr><td rowspan="3">领域与功能项目</td><td colspan="4">表现</td><td colspan="2" rowspan="2">进步</td><td rowspan="3">评语</td></tr>
<tr><td colspan="2">检核表</td><td colspan="2">档案</td></tr>
<tr><td>符合期望</td><td>需要加油</td><td>符合期望</td><td>需要加油</td><td>符合期望</td><td>异于期望</td></tr>
<tr><td>Ⅴ. 语言与读写
听
说
读
写</td><td></td><td></td><td></td><td></td><td></td><td></td><td></td></tr>
</table>

资料来源：麦索尔斯，迪希特尔米勒，雅布隆，等．作品取样系统：教室里的真实性表现评价．廖凤瑞，陈姿兰，译．南京：南京师范大学出版社，2009.

表5－7　作品取样系统叙述版综合报告

<table>
<tr><td>幼儿姓名：
教师：
学校：
出席天数：</td><td>年龄：
日期：

迟到天数：</td><td>学期初□
学期末□
学年末□</td></tr>
<tr><td>领域与功能项目</td><td colspan="2">儿童的发展
（儿童成长、特殊优势或才华、有困难之处、帮助儿童发展的计划）</td></tr>
<tr><td>Ⅴ. 语言与读写
听
说
读
写</td><td colspan="2"></td></tr>
</table>

资料来源：麦索尔斯，迪希特尔米勒，雅布隆，等．作品取样系统：教室里的真实性表现评价．廖凤瑞，陈姿兰，译．南京：南京师范大学出版社，2009.

① 麦索尔斯，迪希特尔米勒，雅布隆，等．作品取样系统：教室里的真实性表现评价．廖凤瑞，陈姿兰，译．南京：南京师范大学出版社，2009.

通常，我们把有计划地、系统地收集资料的过程称为“记录”，教师在经历了大量的资料收集工作后，要回顾、整理和利用这些有价值的信息。首先要完成的任务是对幼儿的发展进行评价。虽然教师每天在教室里都要进行无数次非正式的评价与决策，但真正地将评价结果记录在案还是会令一线教师感到压力和焦虑。他们会担心这样的发展评价是否会对幼儿发展造成负面的影响，是否会激发家长的焦虑，又是否会造成教师与家长之间的误会。但在作品取样系统中，教师将进行两类评价工作，一是表现等级评定，二是进步等级评定。其中，表现等级包括检核表的等级与档案的等级。这三种等级评定的标准也不同，具体见表 5－8。

表 5－8　作品取样系统等级评定资料与标准

类型	教师收集的资料	参照标准
检核表——表现等级评定	观察记录、检核表	国家发布的各年龄段发展标准
档案——表现等级评定	儿童作品等	教师自己制定的表现标准
进步等级评定	检核表与档案的表现	儿童自身之前的表现

资料来源：麦索尔斯，迪希特尔米勒，雅布隆，等．作品取样系统：教室里的真实性表现评价．廖凤瑞，陈姿兰，译．南京：南京师范大学出版社，2009.

根据表 5－6，教师会给出三个等级，即“符合期望”“需要加油”“异于期望”。每一类需要评定的部分都会有不同的说明，具体见表 5－9。在进行检核表的表现等级评定之前，教师应该回顾检核表中的每一个指标的等级，是“尚未发展”“发展中”还是“熟练”。如果某领域大部分指标的等级都是“发展中”与“熟练”，那么综合报告检核表的表现等级评定应该为“符合期望”。如果大部分是“尚未发展”，只有少数为“发展中”和极少数的“熟练”，那么综合报告中的表现等级评定就是“需要加油”。而档案的表现等级评定则没有那么结构化，需要教师结合区域特点、自己的专业经验以及参照幼儿发展指引等相关资料做出决定。第三种评价工作是教师评价儿童的进步程度。此时教师需要综合考虑所有的资料，以此为依据，比较幼儿目前的表现与前期的表现，做出决定。而值得关注的是，超出期望或者缺乏进步都会被归为“异于期望”，教师将在描述中说明具体的情况。

表 5－9　作品取样系统等级评定说明

等级	说明
检核表——符合期望	大部分表现是“熟练”及“发展中”
检核表——需要加油	大部分表现是“尚未发展”
档案——符合期望	核心项目与个人项目展现的技能、知识与行为符合或超过教师期望
档案——需要加油	核心项目与个人项目展现的技能、知识与行为尚未达到教师期望
进步——符合期望	进入班级以来，幼儿在技能、知识和行为方面的成长与发展合乎该年龄段的期望

续表

等级	说明
进步——异于期望	进入班级以来，幼儿在技能、知识和行为方面的成长与发展低于该年龄段的期望

资料来源：麦索尔斯，迪希特尔米勒，雅布隆，等．作品取样系统：3～6岁儿童发展指引．廖凤瑞，陈姿兰，译．南京：南京师范大学出版社，2009.

在完成所有等级评定的工作后，教师开始撰写评语。这样的评语并非轶事记录，也不是随手笔记，而是专业性较强的反思。而评语的读者，即幼儿的家长，则是影响评语写作的重要因素。作品取样系统提醒教师们，在撰写评语时，需要思考一些问题，比如这个家庭是否特别关注幼儿发展的某一方面？这个家庭的教养人是否对幼儿特别严厉？这个家庭是否信任老师与学校？家庭状况与亲子关系也是教师需要考虑的因素。其实，从某种角度来说，教师在日常工作中与家长沟通和交流时，也应该思考这些问题，因为这些问题能够帮助教师更有效地与家长沟通，更容易解除与家长的误会。根据表5-6，教师需要填写两类评语，一是说明等级，二是综合评述。说明等级是教师说明幼儿的表现与标准之间的差异，也可以详细描述幼儿的学习过程。而综合评述，正如大多数教师所想象的那样，一般都从优势领域开始说起，先呈现幼儿表现优良的项目，再叙述有困难的项目，且以优势领域为主。当然，很多家庭期待教师给出一些建设性的、具体的建议，指导家长在家里帮助幼儿达到学习目标。

三、学习故事

学习故事是以叙述故事的形式进行记录的观察方法。最早是由新西兰的玛格丽特·卡尔（Margaret Carr）在1990年提出的，是新西兰幼儿课程中使用的主要评估形式。它强调以儿童为中心、非标准化、全面和社会文化嵌入的方式记录儿童的发展。学习故事自问世以来，便对中国、新西兰、澳大利亚、英国和美国等地的学前教育理论和实践产生了广泛影响。我国华东师范大学周欣教授认为，学习故事为儿童评估的内涵提出了新的价值导向，即学习故事反映了从对儿童的知识技能的评估转向对儿童有利于学习的心智倾向的评估①。因此，有利于学习的心智倾向既是新西兰儿童学习和发展目标中的核心能力，同时也是学习故事评估中的核心概念。

学习故事被认为适合所有年龄阶段的儿童，且可以在儿童开展任何活动时使用。学习

① 周欣．儿童早期学习与发展的目标与评估：范式转换中的价值取向．全球教育展望，2015，44（7）：40－51＋76.

故事的记录主要包括学习故事的标题、照片、有关儿童学习故事的描述、对儿童学习故事的解释、促进儿童发展的下一步计划以及家庭或儿童的问题和建议等几个部分。

教师在运用学习故事时应遵循四个过程：描述、讨论、记录和决定。描述是教师应用与当地有关的学习框架描述儿童的学习，建立大量范例的过程；讨论是教师与其他教师、儿童及其家长进行沟通用以发展对儿童学习故事的解释；记录是教师使用文本、照片等进行记录评估；决定是指决定下一步促进儿童发展的计划。这些过程不一定按照顺序进行，也有可能会出现重叠[①]。具体实施过程中，教师需使用第一人称视角叙述故事，且撰写故事时会提供自己的所思所想。在解释儿童的学习情节时运用第二人称撰写。当教师与儿童及其家庭成员分享学习故事时，家长和儿童可以提出自己的想法和问题，并根据学习故事中报告的内容就如何改进和促进儿童发展提出建议。撰写和解释儿童学习活动的过程和情节时，可以将照片、儿童活动成果的复印件附在文件中并形成儿童的个人文件集。

学习故事的评估方法可以使教师、儿童及其家长共同参与评估过程，这在一定程度上促进了教师、儿童和家庭之间的沟通和合作。另外，学习故事将儿童看作主动积极的参与学习者，试图考虑到儿童的不同兴趣和个性，将会很好地反映儿童的学习情况。但这一评估方式也存在一些缺点。首先，学习故事并不属于标准化的客观评估标准，充满主观性的编写方式无法确保观察者可以捕捉到儿童的全部复杂行为，儿童的关键技能发展也可能会被忽略，且在解释儿童行为时也无法保证深入和全面。其次，这一方法也非常耗时。最后，我国与新西兰存在不同的历史、文化传统，学前教育发展现状与积淀亦有所不同，在将“学习故事”借鉴到我国幼儿教育理论与实践中时，不可避免地存在着文化差异问题。因此，开展基于国情、园情的“学习故事”本土化探索是十分必要的[②]。表 5－10 呈现的是一个关于色彩的澳大利亚的学习故事应用案例[③]。

表 5－10　关于色彩的学习故事应用案例

学习故事标题：色彩，到处都是色彩！
儿童：艾玛、芬恩和亚当 日期：2017 年 6 月 10 日 创建者：Emma Davidson 已有经验：自发的

① CARR M. Assessment in early childhood settings：learning stories. London：Sage，2001.

② 张亚妮，程秀兰．基于“学习故事”的行动研究对幼儿园教师实践智慧生成与发展的影响．学前教育研究，2016（6）：50－59.

③ EARLYWORKS. Learning story examples and templated.（2017－06－10）[2022－10－22]. https：//getearlyworks. com. au/learning-story-observations/example-templates/＃colours.

续表

观察叙事： 我注意到艾玛、芬恩和亚当一起坐在水泥地上。艾玛似乎在尝试用画笔和一杯水在水泥地上作画。艾玛用画笔在水泥地上画了很长的一笔。她看着水随着太阳的温暖而消失。“你想要一些颜色吗?”我问她，希望能扩展她的自创经验。她兴奋地回答：“是的。” 我在一个杯子里加入了一些紫色的可食用色素，在另一个杯子里加入了黄色，这引起了芬恩和亚当的兴趣。所有的孩子都开始在地上探索颜色的概念。“我正在让它变色，它要变灰了!”亚当说，他一边说着，一边搅拌。他把黄色和紫色混合在一起。“现在它变成了棕色。”他仔细看了看彩色的水并补充道。“我的也在变成棕色。”艾玛补充道。芬恩说：“我把它弄得更深一点。”他刚把两种颜色加在一起，水的颜色就加深了。 孩子们继续将染料涂在水泥地上，随着实验的进行不断交流他们的想法。“我在画鸭子。”艾玛说。她把一块石头放在水泥地上，在它周围画了一个圈。亚当拿起附近找到的一些树叶画了起来。“看，它正在改变颜色!”芬恩说，他在他的杯子里加了一些水。“它正在变成红色。”亚当感叹道，看着芬恩的杯子中的颜色，因为他在紫色中加入了更多的水，改变了它的颜色。 “我想知道为什么它在变化。”我问道，以激起孩子们的思考。亚当回答说：“因为在里面加了一些颜料。”我又去找了两种颜色，加入不断变化的实验中。芬恩说：“这是蓝色的。”他用蓝色沿着地面刷了一遍。“不，它是绿色的。”亚当回答。“它看起来有点像蓝色和绿色，不是吗?”我补充道。“这是水的颜色，就像海洋的颜色，蓝色的，绿色的!”艾玛把一些蓝色和黄色混合在一起。“我调出了绿色!”她对自己的发现感到惊讶。“是的，蓝色和黄色组成了绿色。”我回答说。“我也调了一种不同的绿色，艾玛。”芬恩说。“我也调了一种不同的颜色。”亚当补充说，他用水做了一种较浅的蓝色。然后，大家继续在水坑边体验。芬恩在蓝色染料中加入了一些沙子。他说：“我做了淡蓝色。”亚当说：“现在都是黑色的。”因为水管上的颜色显得非常暗。孩子们花了一些时间给水坑周围涂满颜色。
学习反思： 艾玛、芬恩和亚当，你们今天各自创造了自己独特的颜色。最令人兴奋的是，你们都成了科学家，不断尝试新的方法来制作颜色，然后把你们制作的颜色变成新的东西。你们了解到，在水中加入更多的颜色会使颜色变深，而蓝色和黄色混合在一起会变成绿色。你与你的朋友们分享你的创作和学习成果，你们每个人都通过相互倾听学到了更多东西。你们发现了一个新的颜色名称，并了解到水看起来像蓝色和绿色的混合物。你们所有人都开始明白，你们可以使颜色变浅和变深。你们都对改变和创造颜色的方式非常感兴趣，以至于你们持续了很长时间的探索，这表明你们喜欢以这种方式进行实验。
观察结果： 成果表现 4：儿童是自信和积极参与的学习者。 4.2 儿童发展一系列技能，比如解决问题时的探究、试验、假设、研究和调查。 成果表现 5：儿童是有效的沟通者。 5.1 儿童出于各种目的与他人进行言语和非言语的互动。 亚当表达了他对颜色变化的理解，并表示他知道颜色的名称。 艾玛向她的朋友们讲述了颜色的变化，并表达了她对浅色和深色概念的理解。 芬恩告诉他的朋友他正在让颜色变深时，他表达了他对色调的理解。
下一步： 艾玛、亚当和芬恩对实验充满热情，对他们创造和改变事物的能力感到好奇。我们可以通过引入一个“药水站”，让他们进一步尝试颜色，从而深入探索实验、试错等学习过程。这可以用透明的烧杯来帮助他们更好地看到颜色的混合，用吸墨纸来测试颜色，也许还可以用灯台来使他们看清楚最终结果。我还想鼓励孩子们拍摄他们自己的实验前后的结果。

续表

儿童之声： 亚当：亚当真的很想听他的学习故事。他问我们是否可以在第二天早上和他妈妈一起读。当我们讲到颜色的混合时，他说："妈妈，你看，我调出来的水彩就像你最喜欢的那样。"亚当的妈妈说，从昨天开始，他就已经能找到所有水蓝色的东西，而且她还告诉他，这是她最喜欢的颜色。 艾玛：艾玛今天来了（第二天），我问她是否愿意来和我一起读她的学习故事。她笑着说："是关于颜色的那个吗？"我们读了学习故事，并看了我附上的图片。艾玛对药水站的计划很兴奋，说她迫不及待地要像巫师一样调出更多的颜色和药水。艾玛对被称为科学家感到非常兴奋，我们一结束，她就跑到她的朋友艾米面前告诉她，她现在是一名科学家了。 芬恩：芬恩离开了几天，过了一个星期，我们才得以和他一起读这个学习故事。当我说他们是科学家时，芬恩看着我说："真的？我们和科学家是一样的？"我解释说，科学家做实验，发现新事物，这就是他和他的朋友们所做的。"哇，我现在可以做更多的颜色吗？"芬恩问道，并询问药水站在哪里。我告诉他，我们已经开始做药水站了，但想等他一起完成我们需要的东西。他说："谢谢你等我——因为我们科学家要一起工作。"

注：表格内"观察结果"一栏中的"成果表现 4"和"成果表现 5"来源于澳大利亚关于 5 岁及以下儿童的《归属、存在和成长：澳大利亚儿童早期学习框架》（*Belonging, Being & Becoming: The Early Years Learning Framework for Australia*）。

四、上海市保教质量指南

为促进上海幼教发展，提高上海市各级各类幼儿园办园质量，2020 年上海市教育委员会制定了《上海市幼儿园办园质量评价指南（试行稿）》，从而能对幼儿园结构性质量（幼儿园管理中的队伍结构、办园条件等）、过程性质量（师幼互动、家园互动等）和结果性质量（幼儿发展状况）进行评估，该指南主要分为"管理与课程评价指南"和"3～6 岁儿童发展行为观察指引"两个部分，而"3～6 岁儿童发展行为观察指引"为观察幼儿和促进幼儿发展提供了观察依据，主要包含健康与体能、习惯与自理、自我与社会性、语言与交流、探究与认知、美感与表现六个领域，健康与体能领域下分为身心状况和动作发展两个子领域；习惯与自理领域下分为生活习惯和能力、学习习惯、文明习惯三个子领域；自我与社会性领域下分为自我意识、人际交往和社会适应三个子领域；语言与交流领域下分为理解与表达、前阅读与前书写两个子领域；探究与认知领域下分为科学探究和数学认知两个子领域；美感与表现领域下分为感受与欣赏、表现与创造两个子领域；共 14 个子领域。每个子领域列出了三个不同发展阶段的幼儿行为表现，从而作为了解和分析上海市 3～6 岁幼儿发展状况的具体观察内容，表 5－11 为"3～6 岁儿童发展行为观察指引"的内容：

表 5-11　3～6 岁儿童发展行为观察指引

领域一：健康与体能					
子领域	表现行为	表现行为描述			信息来源
		表现行为 1	表现行为 3	表现行为 5	
子领域 1：身心状况	1. 具有健康的体态	1.1.1 适宜的身高和体重。 男孩： 身高：98.4～110.90 厘米 体重：14.30～19.82 千克 女孩： 身高：97.30～109.70 厘米 体重：14.01～18.95 千克 1.1.2 在提醒下，能自然挺直、坐直身体。	1.1.1 适宜的身高和体重。 男孩： 身高：105.50～118.60 厘米 体重：16.34～23.15 千克 女孩： 身高：103.60～116.70 厘米 体重：15.50～21.70 千克 1.1.2 在提醒下，能保持良好的站姿、坐姿和走路姿势。	1.1.1 适宜的身高和体重。 男孩： 身高：110.80～126.50 厘米 体重：18.00～27.45 千克 女孩： 身高：110.75～125.30 厘米 体重：17.50～25.30 千克 1.1.2 能经常保持良好的站姿、坐姿和走路姿势。	· 定期由医务人员和幼儿园卫生保健人员组织测量。 · 日常生活观察。
	2. 情绪安定愉快	1.2.1 能保持较稳定的情绪，哭闹频率较低，且持续时间不长。 1.2.2 情绪过激时，能在安抚下逐渐缓和。	1.2.1 经常保持愉快、稳定的情绪，能在较短时间内缓解消极情绪。 1.2.2 情绪过激时，能在提醒下逐渐缓和。	1.2.1 经常保持愉快、稳定的情绪，能自我缓解消极情绪。 1.2.2 能用适当的方式表达情绪，不随意发脾气。	· 日常生活中观察幼儿的情绪与行为表现。 · 开展家长问卷调查，了解幼儿的情绪状况。
	3. 具有一定的适应能力	1.3.1 能在较热或较冷的天气进行户外活动。 1.3.2 在新环境中情绪能较快趋于稳定，睡眠、饮食基本不受影响。	1.3.1 能在较热或较冷的天气坚持户外活动半小时左右。 1.3.2 变换新环境时身体状况基本正常，较少出现身体不适。	1.3.1 能在较热或较冷的天气坚持户外活动半小时以上。 1.3.2 天气变化或季节交替时较少生病，外出能逐步承受环境、交通工具等带来的身体不适。	·日常生活观察幼儿的情绪与行为表现。 ·观察季节变化中幼儿运动及户外活动的状况。 ·观察外出活动中幼儿的适应状况。 ·家长问卷调查，了解幼儿的身体状况。
说明：幼儿身高和体重数据来源于上海市妇幼保健中心的《儿童保健体格生长评价标准》(2015 年)，表现行为 1 适宜的身高和体重参考 3.5～4 岁中的 p10—p80 的标准，表现行为 3 适宜的身高和体重参考 4.5～5 岁中的 p10—p80 的标准，表现行为 5 适宜的身高和体重参考 5.5～6 岁中的 p10—p80 的标准。					

续表

子领域	表现行为	表现行为描述：表现行为1	表现行为描述：表现行为3	表现行为描述：表现行为5	信息来源
子领域2：动作发展	1. 对运动感兴趣	来到运动场地或看到运动器械时能迅速投入活动。	能用自己喜欢的运动器械和材料锻炼身体。	乐于尝试不同的运动器械和材料，开展不同的身体动作，锻炼身体各部位。	· 观察室内外运动以及户外活动中幼儿的大肌肉活动和小肌肉操作活动。 · 现场或情境调研。 · 家长问卷调查，了解幼儿在家庭中的运动状况。
	2. 具有一定的平衡能力，动作协调、灵敏	2.2.1 能在地面的直线上或在较低较窄的物体上行走一定的距离。 2.2.2 上下楼梯时双脚能灵活交替。 2.2.3 双脚连续向前跳跃时，身体能保持平稳。 2.2.4 行走或跑动时能改变方向，避免与他人的身体碰撞。 2.2.5 能单手拍球，会双手往上方抛球。	2.2.1 能在较低较窄的物体上比较平稳地行走一定的距离。 2.2.2 能以匍匐、膝盖悬空等多种方式钻爬。 2.2.3 能以助跑的方式跨跳一定距离或一定高度的物体。 2.2.4 跑动中能控制速度、方向，追逐或躲闪他人。 2.2.5 能连续拍球和自抛自接球。	2.2.1 能在斜坡、荡桥和有一定间隔的物体上比较平稳地行走一定的距离。 2.2.2 能手脚并用、协调平稳地攀爬。 2.2.3 能躲避朝自己滚来的球或扔来的沙包等移动物体。 2.2.4 能在行进中连续拍球。 2.2.5 能连续跳绳至少3个。	
	3. 具有一定的力量和耐力	2.3.1 能双手抓杠，身体悬空下垂10秒钟左右。 2.3.2 能单手挥臂向前投掷沙包2米左右。 2.3.3 能单脚连续向前行进跳2米左右。 2.3.4 能向指定方向快跑15米左右。 2.3.5 远足时能步行1 000米左右的路程。	2.3.1 能双手抓杠，身体悬空下垂15秒钟左右。 2.3.2 能单手挥臂向前投掷沙包4米左右。 2.3.3 能单脚连续向前行进跳5米左右。 2.3.4 能向指定方向快跑20米左右。 2.3.5 远足时能连续步行1 500米左右的路程。	2.3.1 能双手抓杠，身体悬空下垂20秒钟左右。 2.3.2 能单手挥臂向前投掷沙包5米左右。 2.3.3 能单脚连续向前行进跳8米左右。 2.3.4 能向指定方向快跑25米左右。 2.3.5 远足时能连续步行1 500米以上的路程。	
	4. 手的动作灵活、协调	2.4.1 能熟练使用勺子。 2.4.2 能用大拇指、食指和中指抓笔涂涂画画。 2.4.3 能沿直线剪，与边线基本吻合。 2.4.4 能拼插或拆分雪花片等游戏材料。	2.4.1 能使用筷子。 2.4.2 能用笔沿边线较直地画出简单图形，或折纸时边线能基本对齐。 2.4.3 能剪出由直线构成的简单图形，边线吻合。 2.4.4 能用泥巴等材料进行简单的塑型。	2.4.1 能熟练使用筷子。 2.4.2 能用笔等工具画出线条基本平滑的常见图形。 2.4.3 能剪出由曲线构成的简单图形，边线吻合和平滑。 2.4.4 能使用镊子、订书机、锤子等简单工具。	· 观察区角活动以及集体教学活动中幼儿的行为表现。 · 家长问卷调查及访谈。 · 观察区角活动以及主题活动中幼儿的相关作品。

续表

领域二：习惯与自理					
子领域 \ 表现行为		表现行为描述			信息来源
		表现行为 1	表现行为 3	表现行为 5	
子领域 1：生活习惯和能力	1. 具有基本的生活自理能力和良好的生活与卫生习惯	1.1.1 在提醒下，每天能按时起居，坚持午睡，保持 11 小时以上的睡眠时间。 1.1.2 在引导下，不偏食、不挑食。 1.1.3 愿意喝白开水。 1.1.4 在提醒下，能每天早晚刷牙，饭前便后洗手，餐后漱口。 1.1.5 在帮助下，能穿脱衣服。 1.1.6 不憋大、小便，能自己上厕所。	1.1.1 每天能按时起居，坚持午睡，保持 11 小时左右的睡眠时间。 1.1.2 不偏食，不挑食，不暴饮暴食。 1.1.3 能常喝白开水。 1.1.4 能每天早晚刷牙，饭前便后洗手，刷牙、洗手的方法基本正确。 1.1.5 能自己穿脱鞋袜、折叠衣服，并将衣服摆放整齐。 1.1.6 女孩小便后使用便纸。	1.1.1 每天能按时起居和午睡，保持 11 小时左右的睡眠时间。 1.1.2 进食时能细嚼慢咽。 1.1.3 能主动喝白开水。 1.1.4 能每天早晚坚持刷牙，饭前便后主动洗手，刷牙、洗手的方法正确。 1.1.5 能根据自己的冷热感受增减衣服。 1.1.6 能正确使用便纸。	· 观察生活环节（餐点、午睡、如厕、洗手等）。 · 观察一日生活中幼儿的行为表现，判断幼儿行为的一贯性。 · 家长问卷调查及访谈。
	2. 具有基本的自我保护能力	1.2.1 基本了解周围生活中的安全规则，知道不跟陌生人走，不乱穿马路。 1.2.2 在提醒下，不做玩火、碰插座等危险的事。 1.2.3 公共场所走失时，能告诉警察或相关人员自己家长的姓名、电话号码等简单信息。 1.2.4 在提醒下，不用脏手揉眼睛，不将异物放入口、鼻、耳中，连续看电视不超过 15 分钟。	1.2.1 不让他人触碰自己身体的隐私部位。 1.2.2 运动和游戏时能主动躲避危险。 1.2.3 公共场所活动时不远离成人，走失或遇到紧急情况时知道简单的求助方式。 1.2.4 不将异物放入口、鼻、耳中，知道保护眼睛的简单方法，在提醒下连续看电视等时间不超过 20 分钟。 1.2.5 认识常见的安全标志，能遵守安全规则。 1.2.6 遇到危险时，能听从家长或教师的要求行动。	1.2.1 当他人触碰自己身体的隐私部位时，知道逃避和求助。 1.2.2 运动和游戏时不给他人造成危险。 1.2.3 运动中知道自我调节运动量，注意休息和放松。 1.2.4 知道在走失或遇到紧急情况时能向警察等提供家人的联系电话、家庭住址等，有自我保护的办法。 1.2.5 主动保护眼睛，会运用保护眼睛的方法，在提醒下连续看电视等时间不超过 30 分钟。 1.2.6 知道火灾、地震等自然灾害发生时的一些基本逃生方法。 1.2.7 能识别危险，并告诉家长和教师。	· 观察幼儿一日活动。 · 观察运动及户外活动中幼儿的自我保护能力。 · 观察外出活动中幼儿的行为表现。 · 家长问卷调查及访谈。 · 进行相关常识的测试，查阅相关资料。 · 开展安全模拟活动。

续表

子领域 \ 表现行为		表现行为描述			信息来源
		表现行为1	表现行为3	表现行为5	
子领域2：学习习惯	1. 倾听习惯良好	别人对自己说话时能注视对方的目光，注意倾听。	在集体中能有意识倾听与自己有关的信息。	能在集体中安静倾听他人讲话。	· 观察日常生活中幼儿的行为表现。 · 观察各类分享交流活动以及集体教学活动中幼儿的行为表现。
	2. 爱提问题	对很多事物和现象感兴趣，并能提出问题。	喜欢接触新事物，对新事物充满好奇，喜欢提问。	对自己感兴趣的问题会主动追问和探索。	· 观察日常生活中幼儿表现出的好奇心。 · 观察各类分享交流活动以及集体教学活动中幼儿的参与兴趣。
	3. 做事专注、坚持	2.3.1 在提示下，不频繁更换活动。 2.3.2 对感兴趣的活动能持续集中注意一段时间。	2.3.1 活动中有注意力集中的时段。 2.3.2 遇到困难时，在鼓励下能继续进行活动。	2.3.1 有一定的抗干扰能力，能认真负责地完成自己所接受的任务。 2.3.2 遇到困难时能多次尝试，不轻易放弃，直到任务完成。	· 观察日常活动中幼儿专注做事的状态。 · 观察集体教学以及区角等活动中幼儿的行为表现。

续表

子领域	表现行为	表现行为描述：表现行为1	表现行为描述：表现行为3	表现行为描述：表现行为5	信息来源
子领域3：文明习惯	1. 具有文明的言行举止	3.1.1 在引导下，咳嗽、打喷嚏时能捂嘴。 3.1.2 与人说话时眼睛能注视对方。 3.1.3 说话态度自然、大方。 3.1.4 在提醒下，能使用“你好”“谢谢”“再见”等合适的礼貌用语。	3.1.1 咳嗽、打喷嚏时能正确遮挡。 3.1.2 能回应别人对自己说的话。 3.1.3 在提醒下，能根据场合调节自己说话的音量。 3.1.4 能在各种场合主动使用礼貌用语。	3.1.1 能积极主动地回应别人对自己所说的话。 3.1.2 身处不同情境和面对不同对象时，能注意说话的语气及使用恰当的语言。 3.1.3 谈话时能按顺序轮流说话，不随意插嘴、打断别人。	• 观察日常活动中幼儿的行为表现。 • 观察集体教学活动中幼儿的行为表现。 • 观察游戏及自由活动中幼儿对物、对人的行为表现。 • 家长问卷调查及访谈。
	2. 遵守基本的行为规范	3.2.1 在提醒下，能遵守幼儿园盥洗、用餐、饮水等活动秩序。 3.2.2 能区分自己与他人的物品，知道经同意才能拿别人的东西，借了别人的东西要归还。 3.2.3 在提醒下，爱护玩具、图书和其他物品，能轻拿轻放，物归原处。 3.2.4 在提醒下，不乱扔垃圾，不乱涂乱画。	3.2.1 能遵守幼儿园盥洗、用餐、饮水等活动秩序，人多时会等待。 3.2.2 经同意才拿别人的东西，借了别人的东西能归还。 3.2.3 不乱涂乱画，不乱扔垃圾。 3.2.4 在提醒下，能节约粮食、水电、纸等资源。 3.2.5 能收拾整理好自己使用的物品。	3.2.1 能遵守社会公共场合的秩序，不大声喧哗，人多时能排队等候。 3.2.2 能爱护自己、别人和集体的东西。 3.2.3 犯错时勇于承认。 3.2.4 爱护环境，能节约粮食、水电、纸等资源。 3.2.5 能分类收拾整理好自己使用的物品。	

续表

领域三：自我与社会性					
子领域 \ 表现行为		表现行为描述			信息来源
		表现行为 1	表现行为 3	表现行为 5	
子领域 1：自我意识	1. 知道自己和他人不同，接纳自我	1.1.1 知道自己的性别和基本生理需求。 1.1.2 知道家人和同伴的名字。 1.1.3 能向成人或同伴表达自己的需求、感受。	1.1.1 能从身体特征上区别自己与他人。 1.1.2 能从爱好与兴趣等方面描述自己与他人。 1.1.3 出现消极情绪时，在提醒和指导下能克制自己的冲动。 1.1.4 活动中愿意倾听和接纳同伴的意见和建议。	1.1.1 能接纳自己的身体特征。 1.1.2 能从爱好与兴趣等方面描述自己与他人的不同之处与相同之处。 1.1.3 知道引起自己某种情绪的原因，能在提醒下克制自己的冲动。 1.1.4 活动中能倾听和接纳同伴与自己不一样的意见，不同意时会表达自己的想法。	· 日常生活中观察幼儿的情绪与行为表现。 · 观察集体教学活动及各类分享交流活动中幼儿对人、对己的行为表现。 · 家长问卷调查及访谈。
	2. 具有自尊、自信、自主的表现	1.2.1 能按自己的兴趣选择活动。 1.2.2 能为自己做的好事情或取得的活动成果感到开心。 1.2.3 愿意做自己力所能及的事。 1.2.4 乐意接受一些小任务。	1.2.1 能按自己的想法进行活动。 1.2.2 能了解自己的优点和长处，并为此感到满意。 1.2.3 自己的事情尽量自己做，不轻易依赖别人。 1.2.4 喜欢承担一些小任务，并尝试做简单的计划。 1.2.5 愿意尝试有一定难度的活动和任务。	1.2.1 能主动发起活动，活动中积极表达自己的想法并能坚持。 1.2.2 做了好事情或取得活动成果后还想做得更好。 1.2.3 自己的事情能自己做，愿意学不会做的事情。 1.2.4 敢于尝试有一定挑战性的任务，能设法努力完成自己接受的任务。 1.2.5 能对自己做的计划、事情和结果进行回忆，做出简单的分析，并愿意做适当的调整。	

续表

子领域	表现行为	表现行为描述 表现行为1	表现行为3	表现行为5	信息来源
子领域2：人际交往	1. 愿意与人交往，能与同伴友好相处	2.1.1 愿意与同伴共同游戏，参与同伴游戏时能友好地提出请求。 2.1.2 愿意接受身边成人的照料和关心，并共同活动。 2.1.3 在成人的指导下，愿意分享玩具。 2.1.4 与同伴发生冲突时，能听从成人劝解。	2.1.1 喜欢和同伴共同游戏，有较稳定的玩伴。 2.1.2 喜欢和长辈交谈发生的事情。 2.1.3 能运用简单的交往技巧加入同伴的游戏。 2.1.4 知道轮流、分享，会适当妥协，能在成人的帮助下和平解决与同伴之间的矛盾。 2.1.5 愿意主动寻求成人的陪伴、帮助或安慰。 2.1.6 能谦让比自己幼小和体弱的同伴。	2.1.1 有自己的好朋友，还喜欢与新朋友交往。 2.1.2 有问题能询问别人，遇到困难能向他人寻求帮助。 2.1.3 愿意与大家分享和交流高兴的或有趣的事。 2.1.4 能想办法结伴共同游戏，活动中能与同伴分工、合作、协商，一起克服困难、解决矛盾。 2.1.5 敢于坚持与别人不同的意见并说出自己的理由。 2.1.6 能谦让和照顾比自己幼小和体弱的同伴，也不让别人欺负自己。	· 观察游戏、自由活动及小组活动中幼儿人际交往的表现。 · 观察集体教学活动、区角活动及其他生活活动等环节中幼儿的行为表现。 · 家长问卷调查及访谈。
	2. 关心和尊重他人	2.2.1 能认真听长辈、他人说话，听从长辈提出的要求。 2.2.2 感知他人的表情及变化，发现亲近的人身体不适或情绪不佳时能表示关心。	2.2.1 能有礼貌地向长辈、他人表达自己的需求和想法。 2.2.2 能注意到熟悉的人的情绪，并表现出关心和体贴。 2.2.3 经提醒，能做到不打扰正在工作或做事的人。 2.2.4 知道父母的工作及父母的辛苦。	2.2.1 能有礼貌地与他人相处和交往。 2.2.2 能关注他人的情绪和需要，会在他人难过、有困难时表现出关心，并努力给予适当的帮助。 2.2.3 能爱护他人的劳动成果，在接受他人服务与帮助时会表达感谢。 2.2.4 能尊重并接纳生活方式和习惯不同的人。	· 观察在集体教学活动、区角活动及一日生活其他环节中幼儿的行为表现。 · 观察值日生等活动中幼儿的参与状况。 · 家长问卷调查及访谈。

续表

子领域 \ 表现行为		表现行为描述			信息来源
		表现行为 1	表现行为 3	表现行为 5	
子领域 3：社会适应	1. 喜欢并适应群体生活	3.1.1 在帮助下，能适应集体生活环境。 3.1.2 喜欢参加群体活动，爱上幼儿园。	3.1.1 能主动参加群体活动。 3.1.2 愿意和家长一同参加与自己有关的社区活动。 3.1.3 面对新伙伴、新老师时，能适应所发生的变化，愿意参与活动。	3.1.1 对小学生活充满好奇和向往。 3.1.2 活动中能与同伴共同协商制订规则。 3.1.3 面对新伙伴、新老师时，能较快适应新的人际环境，主动参与活动。	· 观察日常活动中幼儿的情绪及兴趣状况。 · 观察幼儿在游戏及各类活动中与同伴相处的状态。 · 家长问卷调查及访谈。
	2. 具有初步的归属感	3.2.1 知道家庭主要成员与自己的关系，能亲近、信赖长辈。 3.2.2 知道自己幼儿园的名称和所在的班级。 3.2.3 认识国旗和国歌。	3.2.1 喜欢自己的幼儿园和所在的班级，能积极参加集体活动。 3.2.2 知道自己的家所在的城市、区域及路名，了解当地著名的景观或特产。 3.2.3 知道自己的国籍，奏国歌、升国旗时能立正、行注目礼。	3.2.1 愿意为集体服务，能为集体取得的成绩而高兴。 3.2.2 知道家乡发生的重大变化，并能为此感到高兴。 3.2.3 知道自己的民族，知道国家取得的重大成就，为自己是中国人感到自豪。	· 观察日常活动中幼儿的行为表现。 · 观察相关主题活动中幼儿的行为表现。 · 观察来园、离园活动中幼儿与主要照料人之间的关系。 · 收集幼儿的作品。 · 家长问卷调查及访谈。
	3. 感受和体验多元文化	3.3.1 经引导，能感受不同地区人的特征差异。	3.3.1 能感受不同地区语言、食物、服饰等特点。 3.3.2 对其他民族的人或外国人表现出自然、大方的态度。	3.3.1 知道中国是一个多民族的大家庭，体验其他民族、国家的简单礼仪、风俗。 3.3.2 理解各地区、各民族之间的人是平等的，应该互相尊重、友好相处。	· 观察相关主题活动中幼儿的行为表现。 · 收集幼儿的作品。 · 家长问卷调查及访谈。

续表

领域四：语言与交流					
子领域 \ 表现行为		表现行为描述			信息来源
		表现行为1	表现行为3	表现行为5	
子领域1：理解与表达	1. 能听懂常用语言	能听懂普通话及本民族或本地区的语言。	1.1.1 能结合情境感受和理解不同语气、语调所表达的意思。 1.1.2 听不懂时能主动提问。	1.1.1 能结合情境理解含因果、假设、转折等关系的较复杂的句子。 1.1.2 能听懂带有两个以上要求或指令的句子，有疑问时能主动提问。	· 观察集体教学活动中幼儿的行为表现。 · 观察区角活动（语言角）中幼儿的行为表现。 · 观察日常谈话中幼儿的表达表现。 · 家长问卷调查及访谈。
	2. 愿意用语言进行交流并能清楚地表达	1.2.1 能大方地与熟悉的人打招呼，在熟悉的人面前说话。 1.2.2 基本会说普通话及本民族或本地区的语言。 1.2.3 愿意用语言表达自己的需要和想法，必要时辅以简单的动作和表情。 1.2.4 能较清楚地念儿歌、童谣或讲述短小的故事。	1.2.1 愿意与他人交流自己感兴趣的话题。 1.2.2 会说普通话及本民族或本地区的语言，发音较清晰。 1.2.3 能较完整地讲述自己的经历和见闻。 1.2.4 能使用较连贯的语言讲述故事。	1.2.1 乐于参与讨论问题，能在众人面前表达自己的想法。 1.2.2 说普通话及本民族或本地区的语言时，发音正确清晰。 1.2.3 能使用连贯、清楚的语言讲述自己的经历和见闻。 1.2.4 讲述时能使用常用的形容词、同义词等，能使用表示因果、假设等相对较复杂关系的句子，语言较生动。	

续表

子领域	表现行为	表现行为描述			信息来源
		表现行为1	表现行为3	表现行为5	
	1. 喜欢听故事，看图书	2.1.1 能主动要求成人给自己讲故事、读图书。 2.1.2 喜欢倾听并跟读韵律感强的儿歌、童谣。	2.1.1 会反复翻阅自己喜欢的图书。 2.1.2 喜欢向别人讲述自己听过的故事或看过的图书。 2.1.3 喜欢观察生活中常见的标识与符号，能感知和理解其表达的意义。	2.1.1 能专注地阅读图书，不受外界干扰。 2.1.2 乐意与他人交流讨论图书和故事中的有关内容。 2.1.3 对图书和生活中的文字符号感兴趣，了解文字符号表达一定的意义。	· 观察区角活动（阅读角）中幼儿的行为表现。 · 观察集体教学活动中幼儿的行为表现。
子领域 2：前阅读与前书写	2. 具有初步的阅读理解能力	2.2.1 能听懂短小的儿歌或故事所表达的主要内容。 2.2.2 能通过观察图书画面，说出画面所表达的内容和事件。 2.2.3 能了解图书中的文字是和画面一起表达意义的。	2.2.1 能大致说出所听故事的主要内容。 2.2.2 能通过观察图书的连续画面，大致说出故事的主要情节。 2.2.3 能随着文学作品情节展开的进程，体会作品所表达的各种情绪、情感。	2.2.1 能说出所阅读的文学作品的主要内容。 2.2.2 能根据故事的部分情节或图书画面的线索，续编或创编故事。 2.2.3 阅读图书及听故事后能发表自己对作品的看法。 2.2.4 能初步感受文学作品中的语言美。	· 观察一日活动各环节中幼儿的阅读情况。 · 观察外出活动中幼儿对沿途符号、标志和文字的感知与反应。 · 观察幼儿的绘画及书写作品。 · 家长问卷调查及访谈。
	3. 具有书面表达的愿望和初步技能	喜欢用简单的图画或符号表达一定的意思。	2.3.1 能用图画和符号表达自己的愿望和想法。 2.3.2 在提醒下，画画、书写时姿势正确。 2.3.3 能认识自己的名字。	2.3.1 能用图画和符号表现事物或故事。 2.3.2 画画、书写时姿势正确。 2.3.3 能写自己的名字。	

续表

<table>
<tr><td colspan="6">领域五：探究与认知</td></tr>
<tr><td rowspan="2">子领域</td><td rowspan="2">表现行为</td><td colspan="3">表现行为描述</td><td rowspan="2">信息来源</td></tr>
<tr><td>表现行为 1</td><td>表现行为 3</td><td>表现行为 5</td></tr>
<tr><td rowspan="3">子领域 1：科学探究</td><td>1. 喜欢探究</td><td>喜欢摆弄各种物品，好奇、好问。</td><td>经常乐于动手、动脑探索未知的事物。</td><td>乐于在动手、动脑中寻找问题的答案，对探索中的发现感到高兴和满足。</td><td rowspan="3">· 观察集体教学活动、区角活动以及游戏中幼儿的探索过程。
· 观察游戏及自由活动中幼儿的计划、表达等行为表现。
· 观察项目（方案）活动中幼儿的行为表现。
· 观察幼儿使用新玩具和活动材料的行为表现。
· 观察散步、外出活动中幼儿认识事物的行为表现。
· 家长问卷调查及访谈。</td></tr>
<tr><td>2. 用一定的方法探究周围感兴趣的事物与现象</td><td>1.2.1 能仔细观察自己感兴趣的事物，发现其明显特征。
1.2.2 能用多种感官或动作探索事物，对结果感兴趣。</td><td>1.2.1 能观察、比较事物，发现其异同，并进行简单描述。
1.2.2 能根据观察结果提出疑问，并运用已有经验大胆猜测。
1.2.3 能通过简单的调查，收集自己需要的相关信息。
1.2.4 能用图画或其他符号记录自己的探究过程或结果。</td><td>1.2.1 能在观察、比较与分析的基础上，发现并描述事物的特征或变化，以及事物之间的关系。
1.2.2 能用一些简单的方法来验证自己的猜测，并根据结果进行调整。
1.2.3 在帮助下，能制订简单的调查计划，并按计划收集信息。
1.2.4 能运用数字、图画、图表或其他符号等记录探究过程和结果。
1.2.5 能在探究中与同伴合作，并交流自己的发现、问题、观点和结果等。</td></tr>
<tr><td>3. 在探究中认识事物与现象</td><td>1.3.1 认识常见动植物，能发现和了解周围动植物的主要特征和多样性。
1.3.2 能感知和发现材料在软硬、光滑和粗糙等方面的特性。
1.3.3 能感知天气变化，体会其对自己生活和活动的影响。
1.3.4 能初步了解和体会动植物与人类生活之间的关系。</td><td>1.3.1 能感知和发现生活中常见动植物生长变化的过程及所需的基本条件。
1.3.2 能初步感知和发现常见材料的溶解、传热等性质及在生活中的用途。
1.3.3 能感知和发现光、影、磁、摩擦等简单物理现象。
1.3.4 能感知和发现不同季节的特点，体验季节的变化对动植物和人类生活产生的影响。
1.3.5 能初步感知常用科技产品的用途及与自己生活的关系。</td><td>1.3.1 能发现和了解典型动植物的外形特征、习性与其生存环境之间的关系。
1.3.2 能了解常见物体的结构和功能，发现两者之间的关系。
1.3.3 能探索和发现光、影、沉浮、水的形态等简单物理现象产生的条件或影响因素等。
1.3.4 能感知并了解四季轮回及变化的顺序。
1.3.5 初步了解人类生活和自然环境之间的关系，懂得尊重和珍惜生命，知道保护环境的重要性。
1.3.6 知道一些事物具有两面性，汽车、手机、电脑等产品有利也有弊。</td></tr>
</table>

续表

子领域	表现行为	表现行为描述			信息来源
		表现行为 1	表现行为 3	表现行为 5	
子领域 2：数学认知	1. 初步感知生活中数学的有用和有趣	2.1.1 能感知和发现生活中物体的形状是多种多样的，对不同的形状感兴趣。 2.1.2 能体验和发现生活中很多时候会用到数。 2.1.3 能结合生活感知在不同的时间做不同的事。	2.1.1 能感知事物的形状、方位，并用相应的词语来描述。 2.1.2 能用数字符号来描述事物，对环境中数字符号的各种意义有探究的兴趣。 2.1.3 理解活动或事件发生的先后顺序，能用语言描述事情发生的前后经过。	2.1.1 能感知空间的大小与人们活动的关系。 2.1.2 能发现生活中简单的排列规律，并尝试创造新的规律。 2.1.3 能发现生活和游戏中的许多问题可以用计数、排序、分类、测量等数学方法来解决，体验解决问题的乐趣。 2.1.4 在活动中感受和理解时间的先后与长短，逐步形成时间意识。	· 观察一日生活环境及环节中幼儿的行为表现。 · 观察集体教学活动及区角活动中幼儿的探索表现。 · 观察游戏及自由活动中幼儿运用数学的状况。 · 观察幼儿与教师、同伴的日常交谈等。 · 家长问卷调查及访谈。
	2. 感知数、量及数量关系	2.2.1 能感知和发现物体的大小、多少、高矮、长短等方面的差别，并用相应的词语描述。 2.2.2 能运用一一对应的方法比较两组物体的多少。 2.2.3 能运用手口一致点数的方法数 5 个以内的物体，说出总数，并能按数取物。 2.2.4 能使用数词来描述常见事物或动作。	2.2.1 能感知和发现物体的粗细、厚薄、轻重等方面的差别，并用相应的词语描述。 2.2.2 能运用数数的方法比较两组物体的多少。 2.2.3 能借助实际情境和实物操作，理解数的大小和形成等。 2.2.4 能使用数词来描述事物的排列顺序和位置。	2.2.1 能初步感知和理解量的相对性。 2.2.2 能借助实际情境和实物操作，理解“加”和“减”所表达的实际意义。 2.2.3 能运用实物操作等方法进行 10 以内的加减运算。 2.2.4 能运用简单的记录表、统计图等来表示数量关系。	
	3. 感知形状与空间关系	2.3.1 能感知和发现物体较明显的形状特征，并用词语来描述。 2.3.2 能感知物体基本的空间位置与上下、前后、里外等方位，并理解这些方位词的意义。	2.3.1 能感知和发现物体的形体结构特征，并运用绘画、拼搭等方式表现物体的造型。 2.3.2 能发现常见几何图形的基本特征并进行比较、分类。 2.3.3 能使用“中间”“旁边”等各种方位词来描述物体的位置和运动方向。	2.3.1 能组合运用常见的几何形体拼搭、制作和画出物体的造型，富有一定的创意。 2.3.2 能按指示空间方位的语言或简单图示来取放物品，反应正确。 2.3.3 能辨别以自己为中心的左右方位。	

续表

<table>
<tr><td colspan="6">领域六：美感与表现</td></tr>
<tr><td colspan="2" rowspan="2">表现行为
子领域</td><td colspan="3">表现行为描述</td><td rowspan="2">信息来源</td></tr>
<tr><td>表现行为 1</td><td>表现行为 3</td><td>表现行为 5</td></tr>
<tr><td rowspan="2">子领域 1：感受与欣赏</td><td>1. 感受自然界与生活中美的事物</td><td>1.1.1 喜欢观赏花草树木、日月星空等大自然中美的事物。
1.1.2 能对自然界中的鸟鸣、水声、雨声、雷声等感兴趣。</td><td>1.1.1 在观赏大自然和生活环境中美的事物时，能关注其色彩、形态等特征。
1.1.2 喜欢倾听大自然和生活环境中各种好听的声音，能感知和发现声音的长短、高低、强弱等变化。</td><td>1.1.1 喜欢收集美的物品或向他人介绍自己所发现的美的事物。
1.1.2 喜欢关注大自然和生活环境中有特点的声音，能进行模仿并产生相应的联想。
1.1.3 对自然景色、著名建筑、名胜古迹等景观感兴趣。</td><td rowspan="2">· 观察语言、艺术欣赏及创作活动中幼儿的行为表现。
· 观察散步、郊游等融入大自然的活动中幼儿的行为表现。
· 观察城市观光活动中幼儿的行为表现。
· 观察幼儿对文艺作品的兴趣。
· 观察幼儿在区角活动及游戏中的行为表现。
· 观察日常各类谈话中幼儿的表达。
· 家长问卷调查及访谈。</td></tr>
<tr><td>2. 感受多种多样的艺术形式和作品</td><td>1.2.1 喜欢听音乐，或观看歌舞、儿童剧等不同形式的表演。
1.2.2 喜欢观看绘画、泥塑、剪纸等不同形式的艺术作品。</td><td>1.2.1 能专心观看自己喜欢的艺术表演或作品，并有模仿和参与的愿望。
1.2.2 愿意参加美术、音乐、儿童文学等艺术欣赏活动，欣赏艺术作品时能产生相应的联想和情绪反应。</td><td>1.2.1 喜欢参加艺术欣赏活动，能通过表情、动作、语言等表达自己对作品的理解。
1.2.2 能和他人分享、交流自己喜爱的艺术作品和对作品的体验。</td></tr>
</table>

续表

表现行为 子领域		表现行为描述			信息来源
		表现行为 1	表现行为 3	表现行为 5	
子领域 2：表现与创造	1. 具有艺术表现的兴趣	2.1.1 能经常哼哼唱唱，或模仿有趣的声调、动作和表情。 2.1.2 喜欢涂涂画画、粘粘贴贴等活动。	2.1.1 能经常唱唱跳跳，喜欢参加歌唱、律动、舞蹈、器乐弹奏等形式的活动。 2.1.2 喜欢运用绘画、捏泥、折纸等方式表现观察到的事物和自己的想象。	2.1.1 积极参加各类艺术活动，对某类活动形式表现出偏爱。 2.1.2 乐于运用多种工具、材料或不同的表现手法来表达观察到的事物和自己的感受与想象。 2.1.3 艺术活动中能独立表现，也能与同伴合作表现。	· 观察游戏及自由活动中幼儿的表现。 · 观察语言和艺术创作活动（不是临摹性的绘画或手工制作活动）中幼儿的表达与表现。 · 观察音乐和戏剧表演活动中幼儿的行为表现。 · 分析幼儿作品。 · 家长问卷调查及访谈。
	2. 具有初步的艺术表现与创造能力	2.2.1 能模仿并唱出短小的歌曲。 2.2.2 能伴随熟悉的或节奏感明显的音乐做动作。 2.2.3 能运用声音、动作等模拟大自然的事物和生活情景。 2.2.4 能运用简单的线条和色彩大致画出自己喜欢的人或事物。	2.2.1 能运用自然的声音、适中的音量和基本准确的音调唱歌。 2.2.2 能运用即兴哼唱、即兴表演或为熟悉的歌曲改编歌词等方式表达自己的心情。 2.2.3 能运用拍手、跺脚等动作，或敲击物品的方式来表现简单的节拍和基本节奏。 2.2.4 能运用绘画、捏泥、折纸等方式表现观察到的或想象的事物。	2.2.1 能运用基本准确的音调和节奏唱歌。 2.2.2 能通过律动或简单的舞蹈动作表达自己的情绪或表现自然界的情景。 2.2.3 能创编和表演故事，并根据表演的需要选配、制作简单的服饰、道具或布置场景。 2.2.4 能运用较丰富的色彩、线条、形状以及材质等表现自己观察到的或想象的事物及感受。 2.2.5 能运用自己制作的艺术作品布置环境、装扮自己和美化生活。	

拓展练习

做一做

通过查阅相关资料，介绍某一种观察方法在幼儿发展评价中的运用。

想一想

1. 是否理解了以下内容？

（1）幼儿发展评价的相关概念。

（2）观察法如何运用于幼儿发展评价。

（3）作品取样系统的结构。

（4）学习故事的记录方式。

2. 是否掌握了以下内容？

（1）作品取样系统的使用步骤。

（2）观察报告的撰写。

（3）幼儿园教育质量的观察评价。

3. 是否能综合运用以下内容？

选择一种本章提到的观察工具，设计一个观察方案，包括观察目标、观察对象、观察方法、观察记录方案、行为解读与评价、教学策略建议等方面。

试一试

以小组为单位，实施上述观察方案，并完成观察报告。

第六章

行为观察法在幼儿发展与教育研究中的运用

本章导航

幼儿行为研究的发展历程

观察法在幼儿行为研究中的运用

观察法在教学实践研究中的运用

行为编码

观察法是实证类的教育科学研究中比较有代表性的研究方法之一，既可以被应用于质性研究，也可以被应用于量性研究。作为研究方法的观察法与幼儿园教师日常开展的幼儿行为观察有着本质的区别。幼儿园教师所开展的幼儿行为观察主要是为了解幼儿的兴趣、需求和改善教育教学实践服务的，通常带有偶然性，观察记录相对零碎；而教育科学研究中的观察法则是为收集客观资料（数据）服务的，讲究的是科学、可行、严谨、正确与客观，而且还必须忠于研究目标。

本章的第一节将从两个方面系统地介绍利用观察法对幼儿行为进行研究的发展历程、使用观察法进行教育科学研究的特征以及观察法中的编码方式。第二节将向读者呈现一系列利用观察法进行科学研究的案例，主要包括三个方面的案例：一是聚焦幼儿行为研究方面的案例，二是聚焦教师行为研究方面的案例，三是聚焦家庭教养方面的案例。

第一节　作为研究方法的观察法

一、幼儿行为观察研究的发展历程

（一）幼儿行为观察研究的起源

关于幼儿行为的观察研究拥有漫长的历史，最早可追溯到18世纪后期，这一时期的文献中出现了通过日记描述法记录幼儿行为并对其进行研究的案例。1774年，瑞士的裴斯泰洛齐发表了一份他对儿子为期三年的成长观察记录，这是世界上第一份有关幼儿研究的报告。关于儿童发展（如语言发展）的研究早在1787年德国心理学家、哲学家迪特里希·蒂德曼（Dietrich Tiedemann）撰写的《婴儿行为日记》中就有记载[①]。可惜的是，这份报告在当时并未引起人们的关注，几十年后它才逐渐走进大家的视野，得到重视。尽管蒂德曼发表的这份观察报告具有划时代的意义，但这只是记录者本人的札记，并没有对记录做出详细的解释。此后很长一段时间内，研究者对幼儿行为的观察都处于一种杂乱无章的状态，几乎没有任何相关的理论框架。一直到19世纪30年代，才出现了第一个使用客观观察法（目的观察法）来研究幼儿行为的实例。英国的达尔文于1872年出版了一本名为《人类和动物的表情》的著作，其附录中有一篇题为《一个婴孩的生活概述》的文章，这正是达尔文对他的一个孩子的表情与行为观察以及相关分析的记录。在这之前，达尔文因为进化论名著《物种起源》而轰动世界。也许是因为达尔文当时正享有盛誉，所以《一个婴孩的生活概述》在当时一经发表就吸引了人们的广泛关注，激发了人们对幼儿身心发展进行观察研究的兴趣。继而，作为儿童心理学的奠基人，德国耶拿大学的普莱尔（William Thierry Preyer）也基于对孩子的观察记录，于1882年出版了代表作《儿童心理》（*The Mind of the Child*）[②]。

此后，陆续也有学者采用同样的方法即日记描述法记录幼儿的行为和发展，但能够引起强烈反响或保存下来的却为数不多。可以看出，历史上对幼儿行为的研究起步较晚、研究成果较少、研究方法单一，主要是自然观察法。并且学者们倾向于使用日记描述的方式记录幼儿的身心发展。日记描述法属于一种定性观察法，其本身存在的最大的局限便是观察结果容易受到观察者主观意识的影响。尽管如此，日记描述法在当时还是被许多心理学

① 张洁，饶高琦．学前儿童语料库建设的全球发展态势．中国社会科学报，2022-05-27（6）.

② 高振宇．重思“复演论”及对儿童学研究的影响和启示．河北师范大学学报（教育科学版），2021，23（5）：64-73.

研究者普遍使用。当然，这除了与特定的社会经济背景有关外，还有一个重要的特征，即这些研究者的观察对象都是自己的孩子。既是研究者，又是父亲，这双重的身份使日记描述法便于展开，其研究内容也十分亲切，并且能够保证记录的连续性。遗憾的是，当时对幼儿行为的研究尚处于雏形期，因而没能提出一套系统的研究方法，也没有构建出完整的、具有权威性的理论框架。但不可否认的是，前人的这些观察记录虽然只是幼儿行为研究中的冰山一角，却为后来的研究者们提供了宝贵的借鉴。

（二）二战后的幼儿行为观察研究

对亲子关系的系统化的观察研究直到第二次世界大战后才开始。这一时期，幼儿行为的研究更具专业性，研究方法也逐渐走向规范化、多样化。许多学者在开展亲子互动行为的研究时，不仅使用了问卷法、访谈法，还用到了观察法中的结构观察法、非结构观察法以及自然观察法。幼儿行为的相关研究受到越来越多学者的重视。加拿大卡尔加里大学的利顿（Hugh Lytton）教授于 1971 年发表了一篇关于亲子互动观察研究的文章，其中罗列了 1945—1970 年所有关于幼儿行为观察的研究。文章显示，这一时期的相关研究数量呈逐月上升趋势[①]。此外，对幼儿行为的研究主题不再仅仅关注幼儿与家庭成员之间的互动，而是更倾向于关注幼儿行为本身。20 世纪 70 年代前后，关于幼儿行为的研究逐渐迈向正轨。不知不觉中，越来越多的学者投身于这一行列，研究的领域也越来越广泛。这一时期具有代表性的人物便是费尔斯（Fels）。他是第一位将精神分析学的理论方法和社会心理学的系统方法相结合来研究“科学”亲子互动的学者。费尔斯的这项研究在当时产生了较大的反响，开创了“科学”亲子互动研究的先河。与费尔斯同时代的研究者，如赖特、兰伯特、霍夫曼和利比特也从事这方面的研究，但是当时可供研究者们参考利用的相关研究资料实在是凤毛麟角，这在一定程度上阻碍了研究者对幼儿行为的研究。

（三）21 世纪的幼儿行为观察研究

步入 21 世纪后，幼儿行为的研究如雨后春笋般层出不穷，成为该研究领域的一大热点，并取得了丰硕的成果，其中直接观察法的应用最为广泛。直接观察感受真切、直观、具体，有助于形成对被观察者的整体认知，适合于幼儿园教师使用[②]。可以说，这一阶段人们对幼儿行为的研究更加细致。例如：幼儿在幼儿园内发生冲突时，观察幼儿的问题解决行为；或者当母亲忙于工作而无暇顾及幼儿的需求时，观察幼儿的反应以及幼儿如何吸引成人的关注；观察幼儿在结构游戏和非结构游戏中的行为；等等。此时，观察方式也由

---

① LYTTON H. Observation studies of parent-child interaction：a methodological review. Child Development，1971（42）：651 - 684.

② 施燕，韩春红．学前儿童行为观察：第 2 版．上海：华东师范大学出版社，2020.

定性向定性与定量相结合的方式过渡，大大提高了观察数据的真实性和可靠性。可以说，观察法在幼儿行为研究领域的运用日趋完善，其重要性不言而喻。目前，在特殊教育领域，研究教师或幼儿情绪和行为障碍时，直接观察法发挥了举足轻重的作用。

各种先进技术使幼儿行为的研究变得越来越便利，但这并不意味着观察法将退出历史舞台。相反，观察法仍然是幼儿行为研究的主要方法，至少在未来可预见的时期内这是不可更改的事实。直接观察法作为在自然情境下对行为进行的观察，是直接确定行为的有效方法①。观察法可以诊断某种行为，也可以监测和评估幼儿行为变化过程，还可以评估行为干预效果。更为重要的是，观察法在行为研究领域的运用为后来的学者提供了理论和研究基础。

二、在科学研究中运用观察法

（一）在幼儿行为研究中运用观察法

作为一种常用的研究方法，观察法在幼儿发展领域中的应用可谓十分广泛。在一项关于混龄走班制游戏模式下无结构小组对幼儿同伴交往的影响研究中，研究者采用非参与式观察，对“混龄走班制”游戏模式下的幼儿同伴交往行为进行分析②。在观察过程中，研究者运用事件取样法，主要详细记录以下方面：交往背景、交往行为发起者和交往行为反馈者的性别与年龄、交往方式、交往策略、游戏类型、交往持续时间、交往结果以及教师的指导等。研究结果显示，实施混龄走班游戏之后，由于幼儿在这一游戏模式下能够组成无结构小组，所以他们更偏向于选择积极的同伴交往策略，在交往方式的选择上也呈现出多样化的特点，幼儿的游戏体验以正面和积极的体验为主，不同年龄、不同性别幼儿之间能够形成交往默契与协同合作意识，促使交往多朝着成功的方向发展。

在一项关于儿童攻击行为的研究中，研究者通过观察并记录儿童与不同性别玩伴在自由游戏期间和结构性互动期间的攻击与受害行为的类型和频率，从而调查、验证儿童早期攻击行为类型（关系、身体、言语）的性别差异③。研究结果表明，男孩表现出比女孩更明显的身体和言语攻击行为，女孩比男孩表现出更多的关系攻击行为。儿童受到来自男性同伴更多身体和言语攻击，并且倾向于受到来自女性同伴更多的关系攻击。在这项研究

① 余燕，谭和平．积极行为支持对儿童攻击行为干预的研究综述．现代特殊教育，2019（22）：13-19.

② 杜才飞，武元丽，吕苹．混龄走班游戏中无结构小组对幼儿同伴交往的影响．学前教育研究，2020（4）：73-84.

③ OSTROVE J M，KEATING C F. Gender differences in preschool aggression during free play and structured interactions：an observational study. Social Development，2004，13（2）：255-277.

中，研究者主要采用了自然情境观察和结构性观察方法，观察结构性互动情境中的儿童时运用了录像工具。值得注意的是，研究者考虑到儿童之间的熟悉程度会影响其互动行为，将观察时间定位为学年的中期。四名观察员会提早进入环境使儿童适应陌生人的存在，大部分观察员不清楚研究假设以保证观察的效度，并且所有观察员接受了观察和记录亲社会行为（如分享、帮助等）的培训。

（二）在教育教学实践研究中运用观察法

观察法在教育教学实践研究中的应用也很常见。在一项关于学前教师表扬行为的研究中，研究者通过观察和记录学前普通、高危和特殊教育教室中学前教师使用的表扬频率、类型和表扬对象，探究在不同教室类型中教师使用表扬频率上的差异以及自身使用的表扬类型和表扬对象等表扬行为特征①。研究结果表明，教师在不同的教室类型中的表扬频率并没有显著差异。但与普通和高危教育教室相比，教师对特殊教育教室的学生使用更多的表扬。另外，教师使用的一般性表扬比对特定行为的表扬更多，且教师对个体和大团体学生的表扬更多。研究者采用直接课堂观察的方式分别在两间学前普通教室、两间高危教室、两间特殊教室对 6 名学前教师展开观察。共完成 46 次观察，观察时长为 10 小时，平均每间教室大约观察 100 分钟。研究者除了在开展观察之前都接受了观察的相关培训，也会深入了解研究所提及的操作性定义。观察人员并未向观察对象透露观察的内容，从而保证观察对象表现表扬行为的真实性。

在另一项研究中通过观察教师在数学教学活动中的反馈行为，揭示教师反馈行为质量对儿童高阶思维的影响，以此探讨提升反馈质量的途径②。

观察对象是 69 名 3～6 岁儿童的教师，对这些教师所在的班级录制 3 个小时的观察录像，并提取录像中与数学活动相关的 20 分钟片段，所涉及的数学活动包括：数字和数量、形状、比较、分类、空间方向、计算、时间、统计、逻辑和关系、集合、排序。被观察的教师平均年龄为 32.60 岁；班级的平均师幼比为 1：13.79；参与观察班级的平均人数为 33.35。观察过程由受过专门培训的研究人员完成。基于发起—反映—跟进框架（IRF）和 CLASS 系统中反馈质量维度下的行为标记，确定观察教师的共 12 种反馈策略行为。在肯定/纠正与直接指导维度下的反馈行为包括：拓展理解、澄清阐明、具体反馈、认可、强化。在提问拓展理解的维度下，反馈行为包括：提示、帮助、信息的交互、教师的延续、

---

① FLORESS M T，BERLINGHOF J R，RADER R A，et al. Preschool teachers' use of praise in general，at-risk，and special education classrooms. Psychology In The Schools，2017，54（5）：519－531.

② HU B Y，LI Y H，ZHANG X，et al. The quality of teacher feedback matters：examining Chinese teachers' use of feedback strategies in preschool math lessons. Teaching and Teacher Education，2021，98：103－253.

追问、请儿童解释想法、就儿童的反应和行动进行提问。

在观察完成之后，研究者对观察行为进行编码，从整个维度反馈策略的频率上看，教师在数学活动中使用提问拓展理解的频率更高。从具体的反馈行为上看，在肯定/纠正与直接指导维度下，行为标记的频率从高到低为：认可、澄清阐明、强化、具体反馈、拓展理解；在通过提问拓展理解维度下，行为标记的频率从高到低为：信息的交互、教师的延续、追问、提示、就儿童的回答和行为进行提问、儿童解释想法、帮助。通过多元回归分析考察教师反馈策略的使用频率与儿童高阶思维的关系。结果显示：教师使用更高频率的信息交互、请儿童解释想法的反馈行为能对高阶思维产生积极影响。但是，教师使用更高频率的帮助、追问、搭建脚手架的反馈行为并不会对儿童的高阶思维产生影响。

观察中发现，教师在提问时通常遵循三步：儿童回答问题；教师重复儿童的答案接着问“对不对”；然后教师快速更正回答最后过渡到下一个问题。在这样的循环反馈中，有很多时间都用于复述儿童的答案，导致认知加工语言在反馈循环中的时间受限，另外，教师为了能达成预期目标，急于推进活动节奏也会降低反馈质量。由此，研究者认为教师在数学活动中运用循环反馈和提问时应结合认知加工语言来促进儿童的高阶思维能力，在追问过程中应耐心给予儿童思考的时间。

可见，观察法作为一种研究方法，在科学发展研究和教育教学研究领域应用广泛。观察的形式多种多样，观察的对象可以是幼儿、家长，也可以是教师，观察的主体可以是研究者，也可以是教师。观察法在使用过程中十分灵活，能够快速获得大量的一手资料，受到广大研究者的青睐。除此之外，观察法在许多研究中并不是单独使用的。通常，观察法会配合问卷法、访谈法一起使用。这样做一方面是为了增加收集信息的可信度，另一方面也能帮助研究者更加了解观察对象。需要注意的是，使用观察法研究幼儿或教师行为时，应选取一些可观察和可测量的行为。尽管观察法不受时空限制，但在使用观察法时，也需要设置合理的观察情境；借助一定的工具，包括人的感觉器官（如眼睛）、科学的观察仪器和设备（如照相机、摄像机）来辅助观察；观察人员需要具备相应的技能和素质。这样才能保证通过观察收集来的资料更具说服力和研究价值。

三、观察法中的编码

（一）编码概述

编码，原本是一种计算机编程语言，是对数据进行处理的一种模式，包括对于数据的分类、转换、合并、删除与保留。简单来说，就是将文字格式转化为计算机可以识别的数字格式。将收集到的数据进行编码是研究执行阶段的重要步骤之一。目前国内外普遍认同且应用较广泛的面部动作编码系统（facial action coding system，FACS）是1978年由美国心理学教授保罗·埃克曼（Paul Ekman）提出的测量面部动作的一种技术。该编码系统可以对人的面部表情，如高兴、悲伤、生气、害怕及惊讶等进行自动识别和分析。此外，在其他特定的领域，也有其专门的编码系统。编码系统种类繁多，不一而足，其应用拓展到幼儿行为研究领域，也逐渐形成了一套专门的行为编码系统。

（二）编码在观察法中的应用

在观察法中使用编码系统就是将被观察者的某种外显行为用数字等级的形式表示出来。这种对行为进行分类和编码的方法，属于定量观察工具，编码结果可用于定量分析和对比研究。既可以对正在发生的某一行为进行现场编码，也可以对用仪器记录下来的特定行为进行编码。第一位将这种方法运用到幼儿行为研究中的学者是毕晓普（Bishop），他认为，研究者在观察幼儿行为前，先要确定自己感兴趣或值得关注的某种行为，然后使用代码符号将观察到的幼儿行为表示出来。一般来说，对行为分类和编码没有统一标准，研究者们可根据自己的研究目的和需要自行决定。除此之外，研究者也可以利用编码分类以记录特定类型的行为，如母亲的指导行为、建构行为、沟通行为或幼儿寻求帮助的行为、独立游戏的行为、合作行为等。这种行为分类的方式显然更具操作性和具体化。在科根（Cogan）等人的一项研究中，编码者还使用43个字母代码分别代表不同的特定类型的非言语交流行为，比如相对位置、姿势、移动，诸如此类的代码更接近一个高效的速记形式。甚至有的编码者还提出了一个更复杂的编码系统，将正在进行的行为分解为一系列“语法条款”，每一个代码都描述了一个相对离散的行为。这样的编码方式似乎前途无量，但迄今为止这种方法只在日托所中研究师幼互动时被用到，还无法运用到对亲子互动的研究中。总之，编码方式可以由一个或多个行为维度构成，且每个行为维度都是一个独立的编码单位。

另外，在对一个行为进行编码前，对同一行为的观察需达到足够时间，然后将行为进行分类。比如，对幼儿面部表情进行编码时，可先将面部表情分为积极情绪的表达和消极情绪的表达。假设将表达积极情绪的表情编为1，将表达消极情绪的表情编为2，那么，在规定的时间（如15分钟）内，观察者集中观察幼儿面部表情变化，出现微笑则记为1，若是出现愤怒则记为2，依此类推。若是对观察的录像进行编码，则要先将整个录像分为若干个时间段，比如，视频总长度为60分钟，那么以15分钟为一个编码样本的话，就会产生4个样本，然后对样本中出现的目标动作逐个编码。除对是否出现进行编码之外，编码者还可以依据不同的编码标准，对动作出现的频率、强度等进行编码。

例如一项关于亲子互动行为的研究。其研究问题为：母亲在面对幼儿表达消极情绪时做出的反应是否能够影响幼儿对消极情绪的抑制。研究者需要考察在 10 分钟的游戏时间内，母亲的情绪反应对幼儿情绪表达的影响。编码者首先将母亲的情绪反应分为积极、消极和中性三种情况，并分别用数字 1～9 对具体的情绪反应进行编码。对母亲情绪反应行为的分类和编码情况如表 6－1 所示。当母亲出现微笑、嘴角上扬、点头、竖起大拇指四种行为时，编码者可认为这是积极情绪的表达，并按照编码做记录。若观察过程中，母亲出现惊讶、摇头、撇嘴及皱眉四种行为时，则认为这是母亲对幼儿情绪表达不满的暗示，归为消极情绪的表达，并按照对应编码进行记录。

表 6－1　母亲情绪反应行为分类和编码

分类	编码	行为
积极的情绪	1	母亲微笑
	2	母亲嘴角上扬
	3	母亲点头
	4	母亲竖起大拇指
消极的情绪	5	母亲表示惊讶
	6	母亲摇头
	7	母亲撇嘴
	8	母亲皱眉
中性的情绪	9	母亲无明显动作或表情

研究人员还可以从不同的维度将幼儿的目标行为进行编码。例如，在一项关于师幼互动与幼儿自我认知关系的研究中，观察者将幼儿的互动行为分为若干个不同的维度同时进行编码①。每个孩子观察时间为 30 秒，观察者需要在 30 秒的时间里记录以下两方面的内容：一是幼儿在活动中是否出现互动行为，包括幼儿与一个或多个教师互动、与一个或多个同伴互动，同时与一个教师和一个或多个同伴互动。二是若幼儿出现了互动行为，观察者还须按照以下四个指标评估幼儿参与互动的水平，包括：（1）幼儿作为旁观者不参与活动；（2）幼儿使用相似的材料模仿附近的一个或多个伙伴从事的活动，但不与他们进行任何语言或行为上的互动；（3）幼儿在其他伙伴周围从事一个单独的活动，但通过与他人交换玩具、评论对方的行为或加入其他伙伴间的交谈以发表自己的想法等方式与同伴互动；（4）幼儿与其他伙伴以合作的方式共同完成一个目标。因此，根据以上的观察维度，将幼儿互动行为进行编码（见表 6－2）。研究人员在特定时间内不仅对幼儿有无出现目标行为进行编码，而且还对目标行为的水平进行了编码。诸如此类，在同一份编码表中不同维度

① COLWELL M，LINDSEY E. Teacher-child interactions and preschool children's perceptions of self and peers. Early Child Development And Care，2003，173（2/3）：249－258.

同时编码的方式在关于幼儿行为的研究中屡见不鲜。

表 6-2 幼儿互动行为分类和编码

分类	编码	行为
有无互动	1	有互动行为
	2	没有互动行为
互动类型	3	幼儿作为旁观者不参与活动
	4	幼儿使用相似材料模仿他人行为
	5	幼儿通过交换玩具、评价他人行为或参与他人谈话等方式与同伴互动
	6	幼儿与他人合作完成任务

在该研究中，研究者还记录了幼儿在互动中消极情绪的表达，具体的编码情况如表 6-3 所示。这项观察任务也是每 30 秒钟取样一次，并对每个 30 秒钟的幼儿消极情绪行为按照编码系统规定的分类进行编码，作为观察记录。但由于情绪表达非常复杂，在实际的观察中，已有的行为类别定义无法将出现的所有情绪都囊括其中。因此，如果幼儿出现了其他情绪表现，如跺脚，也可认为这是消极情绪的表达，观察者通常将其记为 10。当然，对幼儿行为的分类和编码没有固定的标准，以上只是几种简单的行为编码类型。不过，编码体系种类繁多，不胜枚举，研究者可根据需要自行决定编码体系。总之，既然观察法在幼儿行为研究中扮演着如此重要的角色，那么寻找可靠、有效的编码方案便显得极为重要。

表 6-3 幼儿互动中的消极情绪行为分类和编码

分类		编码	情绪/行为
消极情绪	直接表现	1	生气
		2	伤心
		3	害怕
		4	大哭
	间接表现	5	尖叫
		6	大喊大叫
		7	皱眉
		8	扔东西
		9	说脏话
		10	其他烦躁不安的表情或不友好的行为

（三）编码者一致性

编码者一致性，也叫作编码者信度。通常我们使用编码者一致性来检验一个编码方案是否具有一定的信度。在最理想的情况下，编码者信度需达到 1，即表示编码者完全一致，但这在研究中几乎不可能实现。一般来说，编码者信度最好在 0.80 以上，0.80～0.90 则可认为编码者信度非常好，0.70～0.80 还算是可以接受的范围，但若编码者信度低于

0.60，研究者则需考虑对编码者重新进行培训并再次进行预实验，直至编码者一致性达到标准。如果编码者一致性高，说明观察数据准确地反映了被观察对象，那么通过 SPSS 统计出的分析结果也是可信的。相反，若编码者一致性较低，则说明观察数据的客观性有待商榷，也就无法做进一步的研究。可见，编码者一致性在评价编码方案的可行性方面发挥着至关重要的作用，那么研究者如何保证编码者信度符合研究的基本要求，使得编码结果实际可靠呢？目前，最常用的方法就是不同编码者对相同文本独立编码。简单地说，即由两位或多位经过严格及专业编码方法培训的编码者同时对现场或录像里的目标行为进行编码，然后利用 SPSS 工具对其进行处理分析，若得出的结果相差甚微即可认为编码者一致性较高。另外，不管是计算编码者一致性还是评分者一致性，都离不开 SPSS 工具的使用。

对编码者信度的考察也有多种方法，常见的验证方法有相关法和百分比法。而相关法又包括斯皮尔曼等级相关系数、克朗巴哈系数、肯德尔和谐系数等组内相关法，百分比法则包括简单一致性百分比法和卡帕法。其中：斯皮尔曼等级相关系数是由英国心理学家、统计学家斯皮尔曼在 1904 年根据积差相关的概念推导而来的，只适用于两个编码者（评分者）对多个对象进行编码或评分；肯德尔和谐系数又叫作肯德尔 *W* 系数，1939 年由肯德尔和史密斯二人首次提出，适用于三个及以上的编码者（评分者）对多个对象的编码或评分；卡帕（Kappa）系数是科恩（Cohen）于 1960 年提出来的，适用于计算两个评分者对同一个对象是否有一样的评定的评分者信度。后来由克朗巴哈发展出的克朗巴哈系数也可用于多个编码者（评分者）对多个对象的编码或评分，并且在大部分情况下，克朗巴哈系数可被直接用来计算评分者一致性。作为一种新的检验信度的方法，它在前几种方法的基础上有所改进，因此是目前众多研究中最常使用的信度分析方法。

接下来，我们将通过两个具体的案例来辅助说明研究者在观察结束后如何处理编码者一致性的问题。一位研究生做了一项关于竞争性游戏对幼儿情绪调节行为的影响的研究。实验情境是主试与幼儿进行一场竞争性的“钓鱼游戏”，谁最先将池塘里的小鱼钓完即为胜利并获得奖品。每次游戏结束主试即离开房间，只留下幼儿与实验同谋者单独相处，20 秒后主试再次回到房间进行游戏。主试离开后，幼儿表现出的各种情绪以及同实验同谋者之间的互动都将被隐藏在房间角落里的摄像机捕捉并记录下来。编码者关注的是每次游戏结束后的 15 秒时间内，幼儿面对输赢表现出的一系列情绪调节行为。研究者依据埃克曼的面部动作编码系统，将竞争性游戏编码系统划分为消极情绪表达、抑制消极情绪表达、情绪调节策略、积极情绪表达和积极情绪分享五个行为维度。考虑到编码者一致性问题，研究者选取两名经过面部动作编码系统软件培训的研究生同时对所有参与钓鱼游戏的幼儿的面部表情进行编码。编码者A对竞争性游戏中幼儿面部表情按照划分的五个维度分别编码，得到了一组数据；编码者B同样对其进行编码，得到另一组数据。为了检验两位编码者的编码信度是否符合基本要求，该研究生采用了斯皮尔曼等级相关系数，并利用SPSS工具将两组数据录入并进行可靠性验证分析。得出的数据如表6-4所示：

表6-4 “钓鱼游戏”中编码者一致性（n=107）

	r
失败环节消极情绪表达	0.88
失败环节抑制消极情绪表达	0.87
失败环节表情欺骗	0.96
失败环节注意分散	0.88
失败环节寻找支持安慰	0.93
胜利环节积极情绪表达	0.95
胜利环节与他人分享积极情绪	0.95
总信度系数	0.938

从表6-4中可以看出，失败环节消极情绪表达、抑制消极情绪表达、表情欺骗、注意分散、寻找支持安慰的编码者信度分别为0.88、0.87、0.96、0.88、0.93，胜利环节积极情绪表达、与他人分享积极情绪的编码者信度都为0.95。综观所有环节的评分，两位编码者总的信度系数为0.938，这说明两位编码者之间保持同一性，信度良好。在这个案例中，研究者从维度着手编码，采用斯皮尔曼等级相关系数检验编码者一致性。而在另一位研究生关于教师效能感对班级情绪氛围影响的研究中，研究者采用了克朗巴哈系数来检验评分者一致性。该研究选取了两位经过培训并测试的评分者对筛选后的30位教师及其所在班级进行班级情绪氛围的观察，观察情境为一个半日活动，包括生活、运动、游戏、学习四大常规活动，每个活动观察时长为20分钟。两位评分者对筛选出来的30个班级进行双重编码。在双重编码后，利用SPSS 21.0对数据进行处理分析。最后得出评分者一致性为0.987，研究中的内部一致性系数为0.874。

在社会科学研究中检验编码者一致性或评分者一致性的方法远不止上述所说，其验证方式的选择也并没有统一的标准，前面所列的几种常用的方法也存在不可避免的缺点和不稳定性，比如有的会受到编码者和编码项目的数量制约，有的则会受研究设计方案和数据类型的影响。总之，研究中究竟使用何种检验方法还需要研究者根据具体情况选择。除此之外，在许多需要处理大数据或多次验证评分者内部一致性的研究中，这些验证方式也并不是单独存在的，研究者往往采用两种甚至两种以上的方式来检验评分者一致性。

第二节　观察法在幼儿发展与教育研究中运用的案例

一、观察法运用于幼儿行为研究的案例

研究者通过有目的、有计划地观察幼儿行为，从而加深对幼儿发展过程的理解，并基于观察结果改善教学行为。比如，一项研究通过观察幼儿在儿童博物馆中的游戏行为，考察幼儿在博物馆中的游戏行为，揭示成人如何支持幼儿的游戏，阐释怎样设计博物馆才能最大化支持幼儿的游戏①。

观察对象是 50 名 0～3 岁的幼儿。对每名儿童在博物馆中的游戏行为进行 30 分钟的叙述性非参与式观察。观察情境是西欧的一座儿童博物馆。一楼有三个展厅，分别是“玩水”（让幼儿探索水的性质）、“搭建”（让幼儿参与建构活动）、“市场”（让幼儿参与买卖活动），二楼有四个展厅，分别是“你好毕达哥拉斯”（数学和科学展览）、“我的身体”（让儿童探索人体）、“古老的游戏”（历史主题展览）、“厨房”（探索食物和烹饪的性质）。观察计划由内容和时间构成，在观察内容上，创设了“幼儿的博物馆游戏分类法”，由自我游戏、探索性游戏、运动游戏、沟通游戏、创造性游戏、想象游戏、符号游戏、假装游戏、角色游戏、问题解决游戏、控制游戏、戏剧游戏、幻想游戏、翻滚游戏共 14 类构成。基于先行研究提出的社会游戏分类法，在每一类游戏下设定 5 个子类代表社会性质：独立游戏、平行游戏、联想游戏、合作游戏、成人帮助。在观察时间上，设计了时间取样观察计划，以 5 分钟为间隔单位，对每个幼儿的总观察时长为 30 分钟。观察周期持续三周。

通过对观察资料的分析，幼儿在博物馆中的游戏行为发生频率由高到低依次为探索性游戏、假装游戏、运动游戏和角色游戏，且幼儿在观察时间内倾向于玩 1 个以上游戏。研究还考察了幼儿在游戏行为上的年龄差异。相比 22 个月以下的幼儿，22 个月及以上的幼儿发生假装游戏、角色游戏的频率更高，发生自我游戏的频率更低。研究发现成人会在幼儿的游戏过程中提供帮助，乐意参与幼儿的角色游戏和假装游戏，并鼓励幼儿与其他幼儿合作搭建物体和探索物体。基于观察和分析的结果，研究者提出仅仅向父母介绍幼儿学习的价值还不够，需要给予父母更多的机会以不同的方式参与和指导幼儿游戏。另外，儿童博物馆的设计需要了解父母的想法，并提供合适的策略支持父母参与幼儿游戏，促进幼儿

---

① MCINNES K，ELPIDOFOROU M. Investigating and learning from toddler play in a children's museum. Early Child Development And Care，2018，188（3）：399－409.

通过游戏来学习。

另一项研究基于对幼儿在积木游戏中的行为观察，从功能依赖关系、社会文化理论和社会建构理论出发，揭示了幼儿从具象思维向抽象思维转变的过程①。

研究以 30 名幼儿为观察对象，观察时段为 2 个小时的自由游戏时间，观察情境设置在教室的积木游戏区，利用辅助设备摄像机和录音设备，记录儿童的行为、手势、面部表情、语言、语调、注意力、持续时间和代表认知转变的相关行为。总共收集到 640 分钟的视频，提取其中的 199 分钟进行分析，把所观察到的 26 个事件分为 3 类：具象思考、具象思考向抽象思考的转变、抽象思考。

研究者结合理论框架详细阐释了观察到的事件。在一则事件中，大卫本来在搭建平面的建筑，他的朋友威廉加入之后，通过举起斜坡来改变建筑结构。大卫先模仿了威廉的动作，然后仍然不确定斜坡的功能，威廉把一辆卡车放在斜坡上的动作触发了大卫的思维转变，他开始思考“如果降低这个……”，他慢慢降低斜坡，把建筑中的“墙”的功能转化为“坡道”，说明大卫通过幼儿之间的共享思维获得了关于斜坡的概念。当他开始讲述搭建的建筑能做什么的时候，他已经从具象思维转变为抽象思维。幼儿的思维在具象与抽象之间来回转换，且转变过程与幼儿的认知发展和社会互动呈复杂的交互特征。当幼儿观察同伴行为时，他们能通过模仿来内化概念。在另一则事件中，波比试图搭建“停车场”，用一辆卡车来引导自己“施工”，并在卡车周围搭建了一圈墙并留了一小个缺口，此时她仍然处于具象思维。之后波比发现卡车墙之间留的空间不够卡车通过，于是她停下来思考并打量建筑，当她意识到要再挪走一块积木才能让卡车通过时，这不仅说明她已经理解了功能依赖关系，还说明幼儿的暂停反思行为可能是暗示抽象思维发展的特征。

基于观察和分析的结果，研究者建议教师在游戏中应促进儿童通过共享型思维获得概念，在不干预的情况下让儿童自己主导游戏。另外，教师需要提供充足的空间和时间让幼儿完成游戏，并通过提问反思性的问题或游戏的材料来支持抽象思维发展。

二、观察法运用于教师行为研究的案例

对教师行为的研究也可用观察法来实现。教师对幼儿的观察行为既是教育行为之一，也是教师的一种专业能力。有一项研究为了揭示教师观察行为的频率与质量，并考察影响

① OTSUKA K，JAY T. Understanding and supporting block play：video observation research on preschoolers' block play to identify features associated with the development of abstract thinking. Early Child Development And Care，2017，187（5）：990 - 1003.

教师观察行为的因素，采用非参与式观察法对教师的观察行为进行研究①。

以上海、成都、重庆、福建地区共 12 名教师为研究对象，采用非参与式观察法，即观察者在真实情境中与研究对象保持一定距离。该方法相较于参与式观察，可在一定程度上降低主观性，有助于获取真实度更高的观察资料。选取一日生活中的“自由活动环节”为观察情境。每次观察时长为半天，从研究对象进入教室开始至半天结束后离开教室为止。使用两台摄像机作为观察辅助设备，一台负责拍摄全景，设为固定机位；另一台负责跟拍教师，设为移动机位。观察维度为教师的观察关注点转换、师幼互动意义单元。观察关注点是指根据目的、对象、情境不同而不断发生改变。记录教师观察行为的发生情境、转换次数、停留时间等基本信息。师幼互动意义单元是指由教师发起的、基于某种观察目的、为解决某一特定问题或实现某种预定目标而发起的交谈内容。观察的重点为：定点观察的情境、关注点转换的情境、各种情境观察的起止时间、师幼对话、站位变化。半日的观察过程中共有两名研究者，以 15 分钟为一个单元进行交替记录。

研究者对观察资料进行编码和分析之后，总结了教师观察行为的特征。通过教师观察关注点的转换概况、转换频次和单次停留时间发现教师在自由活动中绝大部分的观察持续时间较短，转换过于频繁，碎片化特征明显，停留在“观看”或“关注”水平。通过分析师幼对话的意义单元，发现教师的一般性与指令性互动占主导，支持性互动相对不足、评价式互动较少，导致总体的观察指导有效性不高。通过考察教师的特征与观察行为的关系，发现教龄、学历、职称与观察关注点转换无关，但不同教龄的教师在使用评价性互动的频率上存在差异。相比教龄为 5 年以下的教师，教龄处于 10～20 年的教师更倾向于评价幼儿的活动行为。

基于观察和分析的结果，研究者提出为了提升教师的观察能力，需要在班级管理中简化一日活动中的环节，在评价制度上确立以幼儿为本的评价导向，给予教师更宽松的时间来观察幼儿的行为，并让观察驱动促进幼儿发展的教育行为，创建改善教师观察素养、观察方法的技术的培训支持体系。

另一项研究借助头戴式摄像机连续地捕捉教师在幼儿冲突中的干预行为，从而描述教师在幼儿发生冲突时的干预行为特征，考察教师的干预行为与幼儿在冲突中的坚持行为的

① 李琳，郭力平，鄢超云，等．幼儿园自由活动中教师观察行为的有效性及其提升对策．学前教育研究，2018 (3)：25-34.

相关性，探究教师的干预行为与冲突事件结果的关系①。

观察对象是混龄班级中的 1 名主班教师、2 名配班教师以及 17 名幼儿。观察情境为自然的教室环境，使用观察辅助设备头戴式摄像机。在正式观察之前，先由教师向幼儿介绍头戴式摄像机，然后由研究者调整头戴摄像机的角度。在正式观察期间，由主班教师和随机选择的 3～4 名幼儿佩戴摄像机，观察时长约 1 个小时，观察周期为 4 天。主班教师佩戴相机的录像中涉及其他 2 名配班教师的干预行为也会被编码。这种连续的、非侵入式的观察能够帮助研究者对每个冲突事件及教师的干预行为进行深入的分析。教师在幼儿冲突中的干预行为被编码为三种：停止、调解和不干预。停止具体表现为教师提供指导，警告和提醒教室规则，将幼儿分开，提供简单的反对意见，在不支持任何一方的情况下解决孩子们的冲突。调解具体表现为教师允许幼儿解释冲突的根本原因，提出解决方案，并实施双方商定的解决方案。不干预即教师不实施任何干预行为。

对观察结果的分析显示：在双方冲突事件中，教师发生干预行为的频率为 50%，干预行为中，使用停止策略的频率为 73.7%，使用调解策略的频率为 27.3%。在单方面冲突事件中，教师发生干预行为的频率为 27.6%，其中使用停止策略的频率为 75%，使用调解策略的频率为 25%。当幼儿在冲突事件中表现出中度到高度的坚持行为时，教师不干预的概率高于干预的概率。如果教师干预冲突，则使用停止策略的可能性大于调解策略。当幼儿在冲突事件中表现出较低的坚持行为时，教师倾向于不干预冲突。虽然相较于不干预冲突，当教师采用调解策略时，幼儿冲突事件产生积极结果的概率略高，但两者的关联程度很微弱。

三、观察法运用于家庭教养研究的案例——以 HOME 工具为例

正如前面所说，观察法不仅是幼儿发展领域和幼儿园教育教学实践研究的宠儿，近几年比较火热的家庭教养研究也将观察法作为主要的研究方法。下面我们将以西方国家运用比较多的家庭环境观测量表（HOME）为例，着重探讨观察法在家庭教养研究中的运用。

（一）HOME 概述

HOME，英文全称为“home observation for measurement of the environment”，中文译为“家庭环境观测量表”。HOME 工具是由考德威尔（Caldwell）和布拉德利（Brad-

① MYRTIL M J，LIN T，PURTELL K M，et al. Pros and conflict：using head-mounted cameras to identify teachers' roles in intervening in conflict among preschool children. Early Childhood Research Quarterly，2021，55：230-241.

ley）两位研究者于1977年提出的。这是一种对养育孩子的家庭概况的描述性评价系统，旨在测量家庭环境给幼儿提供刺激和支持的质量与数量。通过询问与观察了解家庭中与幼儿精神健康有关的物质条件和母子关系，对家庭环境做出相应的评价。但是不对家庭环境的好坏做出评价，只提出该家庭环境中幼儿发展存在的风险因素。HOME观测过程中的焦点是家庭环境中的幼儿，而不是家庭的社会经济地位。通过幼儿的表现来反映家庭环境是否适合幼儿的发展，是否能够给幼儿的发展提供有利的条件。

20世纪60年代，在美国政府的引导下，研究者们开始重视幼儿成长环境以及环境对幼儿发展的影响。这一时期的一系列研究让当时的政府意识到了环境对幼儿发展的影响。于是很快，政府就出台了一些相应的政策并投入了大量的资金致力于这一方面的研究，以弥补之前对环境关注的缺失。有了政府的大力支持，关于幼儿环境方面的研究取得了一定的进展。考德威尔和布拉德利从环境观测方法的不足、倡导重视环境对幼儿发展的影响、主张在实施干预措施时对环境进行全面的评估三方面入手，最终推动了HOME的编制。HOME自创立以来，已经被至少20个国家采用。

（二）HOME的理论基础与核心概念

HOME的理论基础是生态环境发展理论。它是在生态环境发展理论的基础上发展起来的。HOME的主要目的除了验证生态发展理论以外，更重要的是发现更多提高育儿质量、促进幼儿发展的影响因素，以及确定这些因素对幼儿发展是直接影响因素还是间接影响因素。因而，在这个过程中，HOME扮演的是一个中介的角色。例如，中国学者冯丽娜通过改编自HOME的《家庭学习环境问卷》，研究了家庭学习环境与幼儿学习品质的关系。该研究发现家庭学习环境不仅能显著正向预测幼儿的学习品质，而且家庭学习环境在家庭社会经济地位与幼儿学习品质之间具有完全中介作用①。

HOME中最核心的一个概念就是家庭环境。家庭环境反映在经济条件、文化水平、心理气氛和组织形式等多个方面，家庭环境的优劣是影响幼儿个性形成和身心发展的重要因素。优化家庭环境需要端正家庭观念，提高家长自身的道德修养、文化修养和对下一代的抚养教育能力，并需得到社会重视和舆论支持，这是社会精神文明建设的内容之一。在HOME的相关研究中，没有找到对家庭环境所做的具体定义。但是在大多数的研究中，研究者都对HOME所测量的家庭环境的内容做了界定。例如，中国学者蓝翠娟与李晶在其研究中提出“家庭养育环境是父母的养育观念、养育行为和对儿童的情感表现等因素的

---

① 冯丽娜．家庭社会经济地位与幼儿学习品质的关系：家庭学习环境的中介作用．学前教育研究，2020（4）：62-72.

集合，是影响儿童成长的关键因素”①。

（三）HOME的内容

目前文献当中出现的HOME的版本有以下几种：0～3岁婴幼儿家庭环境观测量表（IT-HOME）、3～6岁童年早期家庭环境观测量表（EC-HOME）、6～10岁童年中期家庭环境观测量表（MC-HOME）、10～14岁青春期早期家庭环境观测量表（EA-HOME）。四个版本的量表项目都在40～60个。后来，研究者为了在特殊情况下（比如时间短暂、经费不足）使用HOME快速进行测量，对HOME做了减缩，形成了一份简版的家庭环境观测量表（SF-HOME）。除此之外，在HOME不断发展完善的过程中，还演变出了许多实用的量表和问卷，比如：“家庭环境筛选问卷”（HOME Screening Questionnaire，HSQ，包括0～3岁、3～6岁两个年龄段）；“儿童看护家庭量表”（Child Care HOME Inventory），又可分为“婴幼儿看护家庭量表”（Child Care Infant/Toddler HOME，CC-IT-HOME）和“儿童早期看护家庭量表”（Child Care Early Childhood HOME，CC-EC-HOME）；“残疾儿童家庭环境观测量表”（Disability HOME Inventory，DA-HOME）。下面就以表格的形式将四种常用版本的量表做详细说明。

1. 婴幼儿家庭环境观测量表

0～3岁婴幼儿家庭环境观测量表是HOME的初始版。该量表编制完成初期总共有200个项目，后来通过实际测试、因素分析和其他项目分析，最后将IT-HOME缩减为45个项目。45个项目共包括6个分量表。6个分量表分别是：主要照顾者的情绪和言语反应、避免限制和惩罚、合理组织时间和空间环境、提供适当的游戏材料、父母参与情况、日常刺激。每个分量表包括各自的细化项目，每个细化项目后面都有对这个项目的具体描述（见表6-5）。

表6-5　0～3岁婴幼儿家庭环境观测量表

子量表名称	描述	项目举例
主要照顾者的情绪和言语反应（项目1～11）	照顾者和孩子的语言、情感互动	在观察期间母亲自发地跟孩子讲话至少两次，在观察期间母亲抚摸或亲吻孩子至少一次
避免限制和惩罚（项目12～19）	主要照顾者如何训导孩子	在观察期间主要照顾者不大声训斥孩子，主要照顾者不表现出明显的不耐烦或对幼儿的敌意

① 蓝翠娟，李晶．母亲工作状况对儿童情绪行为问题的影响：母亲思维方式的调节作用和家庭养育环境的中介作用．学前教育研究，2020（2）：57-67.

续表

子量表名称	描述	项目举例
合理组织时间和空间环境（项目20～25）	如何合理安排孩子户外活动的时间和空间	孩子的游戏环境安全、无危害
提供适当的游戏材料（项目26～34）	选择适合孩子年龄的玩具	孩子有一个或多个大肌肉活动玩具或设备；提供适合孩子年龄的设备，比如婴儿座椅、婴儿摇杆、幼儿围栏
父母参与情况（项目35～40）	成人如何与幼儿进行身体互动	主要照顾者保持在孩子的视线范围内，经常看孩子；主要照顾者在做自己的事情时仍能和孩子交流
日常刺激（项目41～45）	除了母亲以外的社会交往	父亲每天提供照顾；每月进行一次家庭访问或接受亲戚访问

资料来源：TOTSIKA V，SYLVA K. The home observation for measurement of the environment revisited. Child And Adolescent Mental Health，2004，9（1）：25-35.

2. 童年早期家庭环境观测量表

3～6 岁童年早期家庭环境观测量表开始是以单一量表的方式呈现的，共 55 个项目，后续在实际使用的过程中又进行了修订，形成了 8 个子量表。这 8 个子量表包括：学习材料、语言刺激、物理环境、父母反应性、学习刺激、塑造模型、多样性、接受性。该量表的呈现形式和 IT-HOME 相同，具体内容见表 6-6。

表 6-6　3～6 岁童年早期家庭环境观测量表

子量表名称	描述	项目举例
学习材料（项目1～11）	促进幼儿智力发展的玩具和活动	给孩子提供的玩具可以帮他们认识颜色、尺寸和形状，孩子有三个或者更多智力游戏拼图
语言刺激（项目12～18）	孩子与照顾者的言语互动促进孩子语言发展	孩子的玩具可以教会他们动物的名字，鼓励孩子学习字母表
物理环境（项目19～25）	房屋	建筑物安全无危害，室外游戏环境安全
父母反应性（项目26～32）	照顾者与孩子的言语互动	父母和孩子每天亲密相处 10～15 分钟，在观察期间父母与孩子至少交谈两次
学习刺激（项目33～37）	鼓励孩子的智力发展	鼓励孩子学习颜色，鼓励孩子看图说话
塑造模型（项目38～42）	照顾者与孩子之间建立一定的规则	食物的延迟满足，合理使用电视
多样性（项目43～51）	孩子的室内和户外活动	孩子有真的或者玩具乐器，孩子每隔一周被家庭成员带出去玩耍
接受性（项目52～55）	照顾者训导孩子的方式	在过去的一周内对孩子的体罚不超过一次；父母责骂、大喊或贬低孩子不超过一次

资料来源：TOTSIKA V，SYLVA K. The home observation for measurement of the environment revisited. Child And Adolescent Mental Health，2004，9（1）：25-35.

3. 童年中期家庭环境观测量表

6～10 岁童年中期家庭环境观测量表与早期的量表相同，同样用于监测家庭环境能够给孩子提供的社会情绪认知方面支持的质量与数量。该版本的量表，最开始的项目有 91 个，在后期的使用和研究中，为了缩短研究时间和方便研究人员使用，项目缩减到了 59 个，分为 8 个子量表：情感和言语反应、鼓励成熟、情绪氛围、促进成长的材料和经验、提供积极的刺激、家庭参与、父亲参与、物理环境。在该版本的项目中能找到 18 个与 IT-HOME 相似的项目，以及 7 个由 IT-HOME 修改而来的项目。在 MC-HOME 的应用过程中，有充分的数据表明 HOME 是一种筛选小学发展环境的方法（见表 6－7）。

表 6－7　6～10 岁童年中期家庭环境观测量表

子量表名称	描述	项目举例
情感和言语反应（项目 1～10）	家庭为孩子制定一个相当规律的、可预测的日程规划表	父母鼓励孩子在访问期间参与对话
鼓励成熟（项目 11～17）	家庭要求孩子进行一定自我保健的日常活动	父母向孩子介绍来访者
情绪氛围（项目 18～25）	在前一周父母没有对孩子乱发脾气	在访问期间，父母与孩子正常交流（不仅仅是纠正孩子和介绍性的话语）
促进成长的材料和经验（项目 26～33）	家长每天购买和阅读报纸	房间的墙上至少有两幅图片或其他类型的艺术作品
提供积极的刺激（项目 34～41）	家庭有电视，并能明智地使用它	鼓励孩子学习颜色；鼓励孩子看图说话
家庭参与（项目 42～47）	每周至少进行两次家庭访问或接受亲戚或朋友的来访	父母帮助孩子获得运动技能（如骑自行车、溜冰、打球）
父亲参与（项目 48～51）	父亲（或其替代）与孩子经常从事户外休闲活动	孩子能与父亲每周相处四天
物理环境（项目 52～59）	孩子的房间有一幅画或墙壁装饰吸引孩子	住宅或公寓的内部不过于黑暗或单调

资料来源：BRADLY R H，et al. Home observation for measurement of the environment：development of a home inventory for use with families having children 6 to 10 years old. Contemporary Educational Psychology，2015，13（1）：58－71；GOEMANS A，GEEL M V，VEDDER P，et al. HOME in the Netherlands：validation of the home observation for measurement of the environment inventory. Journal of Family Issues，2016，37（15）：2118－2137.

4. 简版家庭环境观测量表

由于 HOME 量表为观察量表，需要专业人员到家庭现场观察，比较费时费力①。所以为了满足大规模的研究需求，便发展出了简化版的家庭环境观测量表（SF-HOME）。SF-HOME 和前面三种完整版的 HOME 相比，主要有四点不同之处。第一，SF-HOME

① 何守森，汪翼，孙宗花，等．0～1 岁儿童家庭养育环境量表的编制及其信度效度研究．中国儿童保健杂志，2008（5）：503－506.

的项目数减少。第二，SF-HOME 每条项目的字数也相应缩减。第三，SF-HOME 中对于使用者的培训内容也做了相应缩减。第四，完整版 HOME 的评价项目包括观察和半结构化的访谈，评价方式以“是”或者“否”呈现，SF-HOME 的评价项目偏向于结构化的访谈，评价方式也出现了多种选择。其中婴幼儿期使用的简版家庭环境观测量表，有 18 个测试项目，包括认知刺激和情绪支持两个子量表，每个量表有 9 个项目。童年早期对应的简版家庭环境观测量表有 26 个项目，同样包括认知刺激和情绪支持两个子量表，认知刺激包括 14 个项目，情绪支持包括 12 个项目。该量表的使用方法是其中 15 个项目由母亲报告，其他 11 个项目由访谈者通过观察家庭环境以及母亲与幼儿的互动来进行测量①。

（四）HOME 的使用与计分方法

HOME 的整个评估时间长度是 45～90 分钟。在这个过程中幼儿和观察者需处在同一环境状态下，以便观察者能够及时地观察到孩子的各种活动，而且允许家长以及主要抚养者在场或者出现。观察过程中尽量避免干扰行为，家庭成员保持正常的生活状态。除了 SF-HOME 外，其他版本量表的项目是通过对半结构化问题的回答和专业人员对环境观察的结果来计分的。评分标准是根据每个项目的描述和项目后面列举的例子来勾选“是”或者“否”。HOME 的计分方法是把所有勾选“是”的项目数量相加，所得分数就是 HOME 的测量分数。在结果分析中，高得分和更丰富的家庭环境相关。相反，低得分和不充足的家庭环境相关。没有规定结果的节点范围，也就是不区分程度，只是筛选出有问题的家庭。通常情况下，评分结果如果落在最低的 1/4 处，那就说明这个家庭环境可能对幼儿的发展造成某些方面的风险。

其实，HOME 在很多领域都有相关研究，其用处非常广泛，比如它不仅是幼儿认知、社会性等发展的预测工具，而且能用来评估干预实验的前后效果，还能评估相关量表的效度。下面我们将通过具体的案例，详细阐述 HOME 是如何作用于幼儿发展研究的。

（五）以 HOME 为工具的家庭教养观察研究

现有的关于 HOME 的研究都是针对一般幼儿发展以及幼儿的家庭环境，这些研究探讨了家庭环境与幼儿认知、情绪以及社会发展之间的关系，目的在于发现更多的微观生态模型，寻找那些间接或者直接影响幼儿发展的家庭环境因素。

龙法尼（Ronfani）等人开展了关于家庭环境与社会经济地位、母亲的智商以及幼儿

① SUGLAND B W，ZASLOW M，SMITH J R，et al. The early childhood HOME inventory and HOME-short form in differing racial/ethnic groups are there differences in underlying structure，internal consistency of subscales，and patterns of prediction. Journal of Family Issues，1995，16（5）：632－663.

早期神经认知发展（包括认知、语言和运动）之间相互作用的研究[①]。这是一项涉及多变量分析的研究，因而使用了多种测量手段。其中：针对家庭环境的评估使用了问卷调查工具；对社会经济地位的测量使用了 SES 指数，包括父母职业、就业类型、教育水平、住房；对母亲智商的测量使用了标准的渐进式矩阵；为评估幼儿在 18 个月时神经认知能力的发展情况，该研究采用的是贝利的婴幼儿发展量表第三版（BSID Ⅲ）。观察对象是 502 对母子，所有的母亲都已年满 18 周岁，分娩时的平均年龄为 33.8 岁，所有幼儿都要满足妊娠 37 周出生，他们的平均年龄为 18 个月。502 位母亲的样本采集早在 2007 年就开始了，参加报名的母亲需要做超声波扫描，以便收集孕妇在孕期和分娩时的生物样本（包括头发、血液、尿液和脐带血），并需要由孕妇填写两份关于饮食习惯和健康状态信息的问卷。对于家庭环境的评估测量工具——问卷调查访问，主要包括对护理人员的采访和观察以家庭环境为背景的亲子互动，可分为 4 个子领域：A 表示父母和幼儿之间的沟通和情感交流（母亲常常不由自主地呼喊幼儿的乳名，母亲常常爱抚或亲吻幼儿）；I 表示促进幼儿的自主意识（常常为幼儿提供能够促进智力发展的玩具和活动，母亲鼓励幼儿独自吃饭）；R 表示尊重孩子，遵守并履行既定规则（父母与家庭成员之间应制定良好及合理的规则，照料人员不在访问期间对孩子大声吼叫）；E 表示积极的情感氛围（父亲每天也能花时间照料幼儿，给幼儿提供关爱；父母及家庭成员经常带领幼儿进行家庭访问或接受亲友的来访）。4 个子领域均采取 20 分制（0～20 分），数值越大分值越高。每份问卷调查访问持续时间为 30～40 分钟，并且全部由训练有素的心理学家来实施。

该研究结果表明，家庭环境变量对幼儿的神经认知发育的影响在 18 个月时最明显。以家庭环境为背景对亲子互动的观察充分证明家庭环境对于幼儿早期发育是至关重要的。从数据分析的结果来看，家庭环境是影响幼儿认知、语言和运动发展的最主要因素，HOME 得分越高，幼儿在这三个方面发展得就越好。

HOME 向来关注幼儿的家庭成长环境，其相关研究往往都与母亲或照料者的教养方式相联系，因为这些物质的、非物质的、隐性的条件可以说都是支持幼儿身心发展的必要环境。比如，学者拉金德拉·帕拉久利（R. Parajuli）等人曾在尼泊尔的奇旺谷做了一项关于母亲脐带血含铅、砷和锌水平以及产后婴儿的生长环境对 6 个月大的婴儿神经发育的影响[②]。研究对象选取了共 100 对来自尼泊尔奇旺谷的母婴，并且这 100 位母亲统一接受

① RONFANI L，BRUMATTI L V，MARIUZ M，et al. The complex interaction between home environment，socioeconomic status，maternal IQ and early child neurocognitive development：a multivariate analysis of data collected in a newborn cohort study. Plos One，10（5）：e0127052.

② PARAJULI R P，FUJIWARA T，UMEZAKI M，et al. Home environment and prenatal exposure to lead，arsenic and zinc on the neurodevelopment of six-month-old infants living in Chitwan Valley，Nepal. Neurotoxicology and Teratology，2014，41（3）：89－95.

了脐带血中铅、砷和锌浓度测量，这些母亲在分娩时的平均年龄为 22.9 岁，年龄跨度为 18～37 岁。采集到的 100 份脐带血样本中，有 94 份样本被用来衡量铅、砷和锌水平，因为有 6 份脐带血样本由于取样瓶标签上缺乏对应的母亲身份信息而不予采用。在 94 份样本中还有 15 份脐带血样本无法进行铅元素含量的二次测量，所以最终能够用于分析的铅元素的数据样本共 79 份，砷和锌元素的数据样本共 94 份。对产后婴儿成长环境的评估使用的是 HOME 工具；对婴儿在 6 个月时神经发育状况的评估依据的是贝利的婴幼儿发展量表第二版（BSID Ⅱ）；对母亲基本信息的收集主要采用了访谈法（在母亲分娩后对其进行访谈），访谈内容包括：母亲的年龄、胎次、婴儿的性别、妊娠年龄、妊娠时间和分娩日期、教育水平、家庭年收入、母亲在怀孕期间是否吸烟和饮酒（如果母亲在怀孕期间有吸烟、喝酒的情况，访谈者还需追问母亲在怀孕期间的吸烟量、酒精摄入量）。研究采用多元回归方法确定母亲子宫内铅、砷和锌这几个基本元素的含量以及家庭环境与婴儿神经发育得分之间的关系。结果显示，母亲脐带血中含铅、砷和锌元素的水平与 6 个月大的婴儿神经发育无显著相关，然而，HOME 的总体得分与婴儿神经运动发育指数得分呈正相关。忽视婴儿性别在 6 个月时的身高、体重差异，发现 HOME 得分越高的家庭，婴儿神经运动发育指数得分越高，即婴儿的运动功能发展越好。另外，该研究还发现，HOME 测得尼泊尔家庭在父母应对孩子的行为、父母对孩子的接受程度、父母的参与性三个方面得分普遍较高。研究者推测这可能得益于尼泊尔独特的“大家庭”文化，即婚后一起生活，构建和谐社区等。此外，尼泊尔有许多节日文化和宗教文化，孩子们经常跟着父母一起外出庆祝节日，涉及不同的家庭访问。这样的家庭间频繁互访在某种程度上为婴儿的发展提供了各种机会。然而“环境的组织”“婴儿的学习材料”这两项得分较低，总体上拉低了得分。这说明，大部分婴儿生活的家庭中能够促进孩子发展的刺激物较少，家庭环境质量有待提高。这项研究虽然未能成功证实在尼泊尔等地，孕妇产前铅、砷和锌摄入量对婴儿 6 个月时神经发育的影响，但它显示了家庭环境与婴儿的神经发育存在一定的联系。

拓展练习

做一做

通过查阅相关资料，介绍一个运用观察法开展教学实践研究的案例。

想一想

1. 是否理解了以下内容？

（1）观察法作为研究方法的可行性。

（2）如何在幼儿发展与教育研究中使用观察法。

2. 是否掌握了以下内容？

（1）观察法中的操作性定义。

（2）观察法中的编码。

试一试

以小组为单位，根据幼儿园教师日常工作中遇到的某个实际问题（比如小班幼儿的入园适应问题），尝试运用观察法进行一次微型研究，得出研究结果。

后　记

党的二十大报告将教育强国建设定位到国家战略的高度，并且清晰地设计了科技强国和教育强国的详细规划和实践路径。学前教育作为基础教育体系的重要组成部分，是关乎家国的大事，也是习近平总书记一直记挂的心上事。要办人民满意的教育、高质量的学前教育，要实现学前教育的现代化，要从“幼有所育”走向“幼有善育”，特别需要千千万万个每天奋战在幼儿园课堂里的一线教师的努力和奉献。他们爱孩子、懂孩子，能够为了孩子牺牲自己；他们愿倾听、善沟通，能把话讲到孩子心里；他们有创意、有办法，能调动孩子的学习兴趣和主动性，在感知和体验下，做中学，做中想，做中玩，做中乐。这些本领的基础，是了解孩子。观察，是初步了解、深入了解、不断了解幼儿的最佳途径，也是基于了解进行思考、落实策略的最佳途径。所以，现在的幼儿园教师教育非常重视有关幼儿行为观察知识和能力的职前培养与职后发展。本教材首先分析了幼儿园教师和幼儿行为观察的关系，然后介绍了不同的行为观察方法，重点是从两个视角，即儿童发展的视角和幼儿园保教实践的视角，介绍行为观察法的运用并进行观察案例的解读。希望能够帮助职前教师掌握相关知识和能力，也希望能够帮助在职教师更为系统地了解行为观察法的知识和观察要点。我们还补充了一些运用行为观察法进行评价和研究的内容与解读，希望能够为学有余力、对科研感兴趣的学生提供进一步探索的学习机会和学习内容。这样的设计也符合目前高校一流课程建设的要求，尊重师范生的个体差异，为培养师范生高阶思维能力提供机会。

我们的课程团队有来自师范类高校教学经验丰富的教授，也有来自幼儿园教学一线的特级教师和骨干教师，希望我们的探索能够为培养卓越幼师做出真诚的贡献。

图书在版编目（CIP）数据

幼儿行为观察与评估/何慧华主编；王英杰，张超逸副主编.--2版.--北京：中国人民大学出版社，2023.7

21世纪学前教师教育系列教材/朱家雄总主编

ISBN 978-7-300-31859-2

Ⅰ.①幼… Ⅱ.①何… ②王… ③张… Ⅲ.①幼儿-行为分析-高等学校-教材 Ⅳ.①B844.12

中国国家版本馆CIP数据核字（2023）第120882号

21世纪学前教师教育系列教材

总主编　朱家雄

幼儿行为观察与评估（第二版）

主　编　何慧华

副主编　王英杰　张超逸

You'er Xingwei Guancha yu Pinggu

出版发行	中国人民大学出版社		
社　址	北京中关村大街31号	邮政编码	100080
电　话	010－62511242（总编室）		010－62511770（质管部）
	010－82501766（邮购部）		010－62514148（门市部）
	010－62515195（发行公司）		010－62515275（盗版举报）
网　址	http://www.crup.com.cn		
经　销	新华书店		
印　刷	中煤（北京）印务有限公司	版　次	2018年3月第1版
开　本	787 mm×1092 mm　1/16		2023年7月第2版
印　张	11.25	印　次	2023年7月第1次印刷
字　数	210 000	定　价	32.00元

版权所有　侵权必究　　印装差错　负责调换

教学支持说明

（教学课件）

中国人民大学出版社教育学科秉承“出教材学术精品，育人文社科英才”的出版宗旨，多年来，出版了大批高质量的教育学、小学教育、学前教育专业教材和学术著作。

我们为本教材制作了相应的PPT教学课件，任何一位采用本书作为授课教材的教师均可免费获得该课件。为了确保该课件仅为授课教师获得，烦请您填写如下材料，并将相关信息通过E-mail发送给我们，我们将在收到相关信息后通过E-mail给您发送该课件。欢迎您加入我们的QQ群（教育新视野交流群，群号为159813080），或登录我社官方网站（www.crup.com.cn），注册并认证成为教师会员，以获得更好的服务。

我们的联系方式：

地址：（100872）北京市中关村大街甲59号文化大厦1202室

中国人民大学出版社

电话：（010）62515955　62515383

E-mail：gggl cbfs@vip.163.com

QQ群：159813080

兹证明__________大学/学院__________院/系__________专业__________学年第__________学期开设的__________课程，采用中国人民大学出版社出版的____________________（书名、作者）作为本课程教材。授课教师为__________，授课班级共______个、学生______人。授课教师需要与本书配套的教学课件。

联 系 人：____________________

通信地址：____________________

邮　　编：____________________

电　　话：____________________

E-mail：____________________

系/院主任：__________（签字）

（系/院办公室章）

______年______月______日